高职高专实验实训“十二五”规划教材

PLC编程与应用技术实验实训指导

主编　满海波　宋立中
主审　程龙泉

北京
冶金工业出版社
2019

内 容 简 介

本书是与《PLC 编程与应用技术》配套的实验实训教材，共分3部分，主要内容包括：实验实训设备介绍，实验指导和实训指导。其中实验指导共安排了10个实验，实训指导安排了8个项目。

本书为高职高专院校电气自动化技术、机电一体化技术、电子信息工程技术、生产过程自动化等专业实验用书，也可供相关专业的技术人员参考。

图书在版编目(CIP)数据

PLC 编程与应用技术实验实训指导/满海波，宋立中主编．—北京：冶金工业出版社，2015.7（2019.8 重印）
高职高专实验实训“十二五”规划教材
ISBN 978-7-5024-6984-9

Ⅰ.①P…　Ⅱ.①满…　②宋…　Ⅲ.①plc 技术—程序设计—高等职业教育—教材　Ⅳ.①TM571.6

中国版本图书馆 CIP 数据核字(2015) 第 158077 号

出 版 人　谭学余
地　　址　北京市东城区嵩祝院北巷39号　邮编　100009　电话　(010)64027926
网　　址　www.cnmip.com.cn　电子信箱　yjcbs@cnmip.com.cn
责任编辑　俞跃春　杜婷婷　美术编辑　彭子赫　版式设计　孙跃红
责任校对　郑　娟　责任印制　李玉山
ISBN 978-7-5024-6984-9
冶金工业出版社出版发行；各地新华书店经销；北京虎彩文化传播有限公司印刷
2015年7月第1版，2019年8月第3次印刷
787mm×1092mm　1/16；7.25印张；174千字；110页
20.00 元

冶金工业出版社　投稿电话　(010)64027932　投稿信箱　tougao@cnmip.com.cn
冶金工业出版社营销中心　电话　(010)64044283　传真　(010)64027893
冶金工业出版社天猫旗舰店　yjgycbs.tmall.com
（本书如有印装质量问题，本社营销中心负责退换）

前　言

可编程控制器（programmable logic controller，PLC）是综合了计算机技术、自动控制技术和通信技术发展而来的一种新型工业控制装置。目前 PLC 已成为工业自动化的核心控制器，PLC、机器人、CAD/CAM 将成为工业生产的三大支柱。

PLC 课程目前已成为电气自动化、机电一体化等专业的必修专业课，通过实验实训学生可以熟悉 PLC 的使用方法，掌握 PLC 程序设计的规范及技巧，能熟练地完成 PLC 控制系统的设计、安装和调试，具备涉及 PLC 控制相关岗位的职业能力。为配合《PLC 编程与应用技术》（冶金工业出版社 2015 年 8 月出版）教材的教学需要，我们编写了这本《 PLC 编程与应用技术实验实训指导》教材。

本书分为实验部分和实训部分，实验部分由宋立中主编，实训部分由满海波主编，宋立中负责全书统稿；全书由程龙泉主审。编写过程中，参考了设备生产厂家浙江天煌科技实业有限公司主编的 THSMS-D 型网络型可编程控制器高级实验装置随机资料，攀枝花学院副教授魏金民、攀钢轨梁厂高级工程师刘自彩在本书的实际案例及内容选编上提出了许多宝贵意见和建议，在此一并表示衷心的感谢！

由于编者水平有限，书中不妥之处，敬请读者批评指正。

编　者

2015 年 6 月

目　录

1　实验实训设备介绍 …… 1

1.1　实验实训装置介绍 …… 1
1.2　实验实训项目 …… 2

2　实验指导 …… 3

2.1　实验一　PLC 软硬件认识实验 …… 3
2.2　实验二　基本指令的编程练习 …… 15
2.3　实验三　三相异步电动机点动控制和自锁控制 …… 20
2.4　实验四　三相异步电机联锁正反转控制 …… 24
2.5　实验五　三相异步电机带延时正反转控制 …… 29
2.6　实验六　三相异步电动机带限位自动往返控制 …… 32
2.7　实验七　三相异步电机Y-△换接启动控制 …… 35
2.8　实验八　装配流水线控制的模拟 …… 39
2.9　实验九　五相步进电动机控制的模拟 …… 46
2.10　实验十　天塔之光 …… 53

3　实训指导 …… 60

3.1　课题一　三相异步电动机的基本控制（一） …… 60
3.2　课题二　三相异步电动机的基本控制（二） …… 65
3.3　课题三　十字路口交通灯控制模拟 …… 70
3.4　课题四　水塔水位控制模拟 …… 76
3.5　课题五　喷泉模拟控制 …… 81
3.6　课题六　LED 数码显示控制 …… 86
3.7　课题七　“自动配料/四节传送带”系统模拟 …… 96
3.8　课题八　MM420 变频器的基本操作与控制 …… 103

附录　实验装置提供的模拟实验挂箱 …… 109

参考文献 …… 110

1 实验实训设备介绍

PLC 课程实验设备可采用 THSMS-D 型网络型可编程控制实验装置，该装置可以开展 PLC、变频器、WinCC 等课程的实验实训教学。

1.1 实验实训装置介绍

THSMS-D 型可编程控制器高级实验装置由 SMS-01 控制屏（含交流电源控制功能板、直流电源、给定单元、定时器兼报警记录仪等）、SIMATIC S7-300PLC 主机组件及模拟控制实验挂箱三部分构成。

（1）交流电源控制功能板。三相四线 380V 交流电源供电，由三只电网电压表监控电网电压，并有三只指示灯指示，带灯保险丝保护，控制屏的供电由钥匙开关和启停开关控制。

（2）直流电源、给定单元、定时器兼报警记录仪：

1）提供 +5V/1A 和 +24V/1A 直流稳压电源各一路，三位半数显。

2）提供给定（±15V 可调电压输出）。

3）定时器兼报警记录仪，平时作时钟使用，具有设定时间、定时报警、切断电源等功能，还可自动记录由于接线或操作错误所造成的漏电告警次数。

（3）PLC 主机实验组件。PLC 主机采用 SIMATIC S7-300 紧凑型 CPU（314C-2DP），24VDC 供电、48kB 内存、带有 PROFIBUS-DP 的主从接口；装载存储器 MMC 卡容量 128kB，集成式 DI/DO、AI/AO，24 路数字量输入/16 路数字量输出，带光电隔离；4 路模拟量输入/2 路模拟量输出，1 路集成的模拟量输入通道可接 0～600Ω 电阻或接 Pt100 热电阻。

CPU314C-2DP 通过 MPI 通信接口用 PC/MPI 通信适配器与个人计算机（PC）通信，来下载和上载 PLC 的用户程序和组态数据（主站也可使用配置的 CP 5611 网卡与 PLC 通信）。

（4）模拟控制实验挂箱。实验装置提供了 7 个模拟实验挂箱（详见附录），用于完成各种实验。

（5）使用注意事项：

1）接线时注意分清各模块的工作电压，防止接错；接线过程中要关闭控制屏上各路电源开关，严禁带电接线。

2）严禁私自拆卸 PLC 主机、PC/MPI 通信适配器、MPI 通信接口以及 PROFIBUS-DP 主从接口，严禁取出装载存储器 MMC 卡。

3）严禁打开编程器（PC）机箱，要按正确的方法开关计算机，不得随意删除计算机上的文件，严禁在计算机上设置任何密码。

1.2 实验实训项目

1.2.1 实验项目

实验一 PLC 软硬件认识实验
实验二 基本指令的编程练习
实验三 三相异步电动机点动控制和自锁控制
实验四 三相异步电机联锁正反转控制
实验五 三相异步电机带延时正反转控制
实验六 三相异步电动机带限位自动往返控制
实验七 三相异步电机Y-△换接启动控制
实验八 装配流水线控制的模拟
实验九 五相步进电动机控制的模拟
实验十 天塔之光

1.2.2 实训项目

课题一 三相异步电动机的基本控制（一）
课题二 三相异步电动机的基本控制（二）
课题三 十字路口交通灯控制模拟
课题四 水塔水位控制模拟
课题五 喷泉模拟控制
课题六 LED 数码显示控制
课题七 “自动配料/四节传送带”系统模拟
课题八 MM420 变频器的基本操作与控制

2 实验指导

2.1 实验一 PLC 软硬件认识实验

2.1.1 实验目的

（1）了解 S7-300 可编程控制器的组成及 THSMS-D 型实验装置使用方法。

（2）熟悉和掌握 STEP 7 编程软件的使用。

2.1.2 实验内容

2.1.2.1 S7-300 PLC 的组成

S7-300PLC 的主要组成部分有导轨（RACK）、电源模块（PS）、中央处理单元 CPU 模块、接口模块（IM）、信号模块（SM）、功能模块（FM）、通信模块（CP）、特殊模块（SM 374 仿真器，占位模块 DM 370）等，如图 2-1 所示。S7-300 的 CPU 模块都有一个编程用的 RS-485 接口，有的有 PROFIBUS-DP 接口或 PtP（点对点）串行通信接口，可以建立一个 MPI（多点接口）网络或 DP 网络。

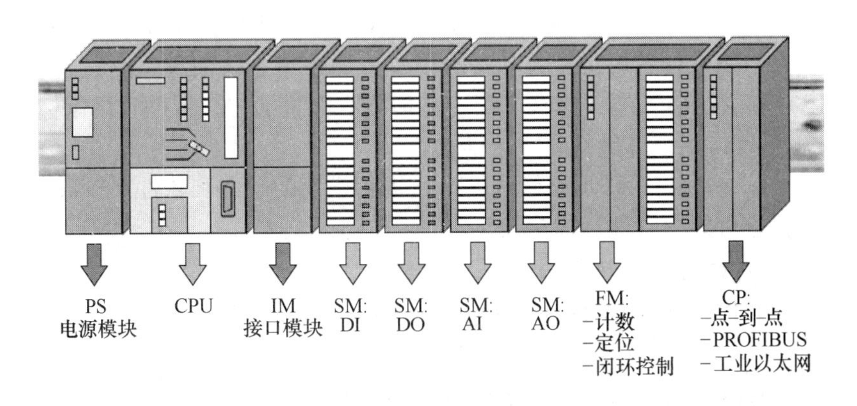

图 2-1 S7-300 模块

本实验装置采用西门子 S7-300 系列紧凑型的 CPU 314-2DP：I/O 模块采用 24VDC 供电、CPU 为 48kB 内存、带有 PROFIBUS-DP 主从通信接口；MMC 储存卡容量为 128kB，集成 24 路数字量输入/16 路数字量输出，4 通道模拟量输入/2 通道模拟量输出，1 通道 Pt100，PID，计数器，PWM 脉冲输出，频率测量，一轴定位等功能；含 MPI 及 PROFIBUS-DP 网络通信。

主机挂箱如图 2-2 所示。

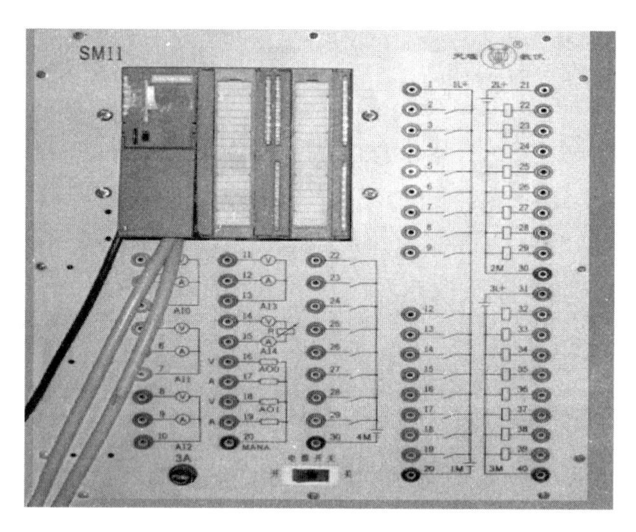

图 2-2　主机挂箱

2.1.2.2　编程软件 STEP 7 的使用

A　STEP 7 简介

STEP 7 编程软件是 SIEMENS 公司专为 SIMATIC 系列 S7-300 和 S7-400 型的 PLC 开发的编程、监控和参数设置的标准工具软件，可使用梯形图、语句表及功能块图进行编程。

为了使用个人计算机进行程序编写，应配置 MPI 通信卡或 PC/MPI 通信适配器，将计算机连接到 MPI 或 PROFIBUS 网络，来下载和上载 PLC 的用户程序和组态数据。

STEP 7 具有以下功能：硬件配置和参数设置、通信组态、编程、测试、启动和维护、文件建档、运行和诊断功能等。STEP 7 所有功能均有大量的在线帮助，用鼠标选中某一对象，按 F1 键就可以得到该对象的在线帮助。

在 STEP 7 中，用项目管理器来管理一个自动化系统的硬件和软件。STEP 7 用 SIMATIC 管理器对项目进行集中管理。

B　STEP7 使用说明

实验设备使用 PC/MPI 通信电缆与 PLC 通信（主站也可以使用 CP 5611 网卡与 PLC 通信）。

本实验系统平台自动化任务解决方案设计完毕后，要在编程软件 STEP 7 中完成生成项目、组态硬件，生成程序、传送程序到 CPU 并调试等步骤。

使用 STEP 7 设计完成一项自动化任务的基本步骤如下（见图 2-3）：

第一步，要根据需求设计一个自动化解决方案；

第二步，在 STEP7 中创建一个项目（Project）；

第三步，在项目中，可以选择先组态硬件再写程序，或者先写程序再组态硬件；

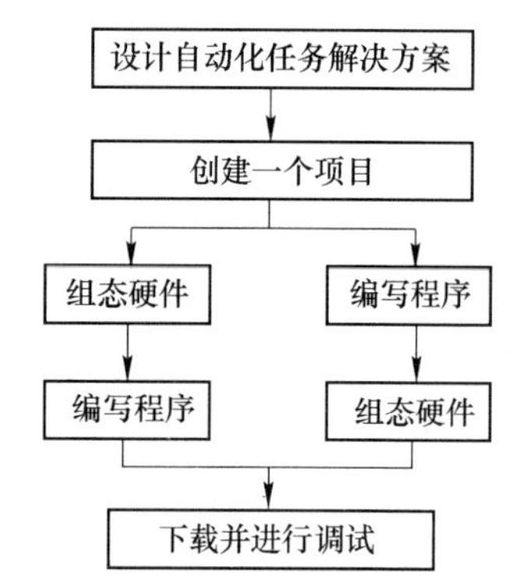

图 2-3　创建自动化项目的步骤

第四步，硬件组态和程序设计完成后，通过编程电缆将组态信息和程序下载到硬件设备中。

第五步，进行在线调试并最终完成整个系统项目。

在大多数情况下，建议先组态硬件再编写程序，尤其是对于I/O点数比较多、结构复杂的项目（例如有多个PLC站的项目）来说，应该先组态硬件再编写程序。这样做有以下优点：

（1）STEP7在硬件组态窗口中会显示所有的硬件地址，硬件组态完成后，用户编写程序的时候就可以直接使用这些地址，从而减少出错的机会。

（2）一个项目中包含多个PLC站点的时候，合理的做法是在每个站点下编写各自的程序，这样就要求先做好各个站点的硬件组态，否则项目结构就会显得混乱，而且下载程序的时候也容易出现错误。

C 使用STEP7的基本步骤

方法一：使用向导创建项目

（1）生成项目。

1）双击桌面上的“SIMATIC Manager”图标，则会启动STEP 7管理器及STEP 7新项目创建向导，如图2-4所示（如不出现，则需在下拉菜单“File”中选择“New project wizard”）。

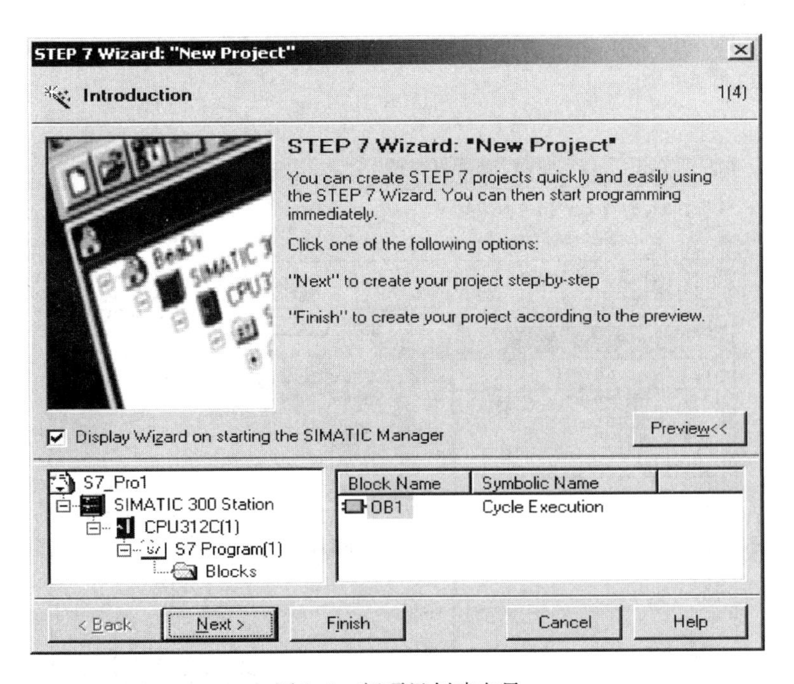

图2-4 新项目创建向导

2）按照向导界面提示，点击“NEXT”，选择好CPU型号，本示例选择的CPU型号为CPU315C-2DP，设置CPU的MPI地址为2，点击“NEXT”，在出现的界面中选择熟悉的编程语言（有梯形图指令LAD、语句表指令STL、流程图指令FBD等可供选择），点击“FINISH”，项目生成完毕，启动后STEP 7管理器界面如图2-5所示。

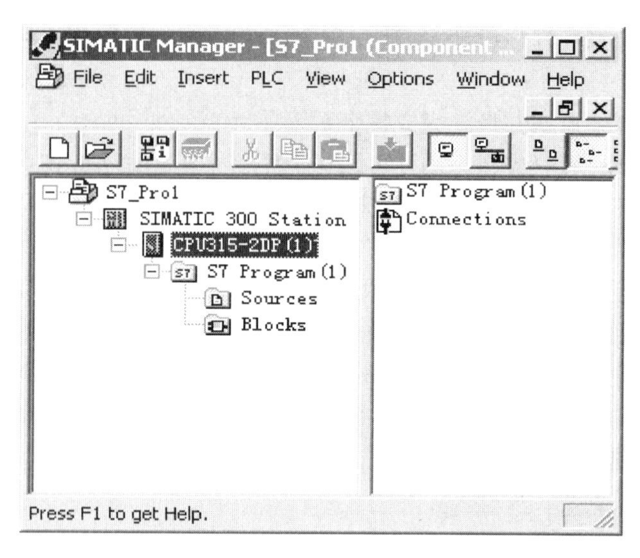

图 2-5　启动后 STEP7 管理器界面

（2）组态硬件。硬件组态的主要工作是把控制系统的硬件在 STEP 7 管理器中进行相应的配置，并在配置时对模块的参数进行设定。

1）鼠标左键单击 STEP 7 管理器左边窗口中的“SIMATIC 300 Station”项，则右边窗口中会出现“Hardware”和“CPU315-2DP（1）”两个图标，双击图标“Hardware”，打开硬件配置窗口如图 2-6 所示。

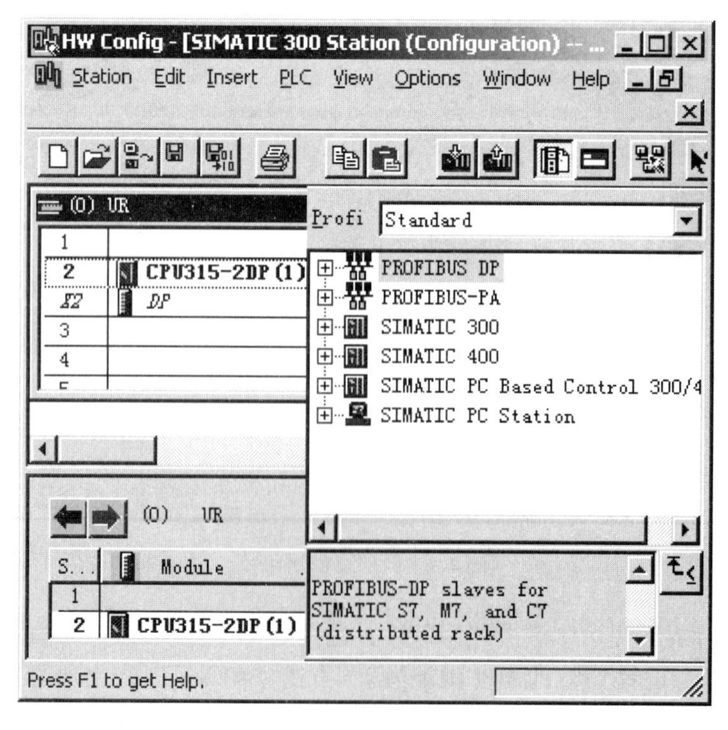

图 2-6　硬件配置窗口

2）整个硬件配置窗口分为四部分，左上方为模块机架，左下方为机架上模块的详细内容，右上方是硬件列表，右下方是硬件列表中具体某个模块的功能说明和订货号。

3）要配置一个新模块，首先要确定模块放置在机架上的什么地方，再在硬件列表中找到相对应的模块，双击模块或者按住鼠标左键拖动模块到安放位置，放好后，会自动弹出模块属性对话框，设置好模块的地址和其他参数即可。

4）按照上面的步骤，逐一按照实际硬件排放顺序配置好所有的模块，编译通过后，保存所配置的硬件。

5）点击“开始\\设置\\控制面板”，鼠标左键双击控制面板中的“Set PG/PC Interface”图标，选择好 PC 机和 CPU 的通信接口部件后点击“OK”按钮退出。

6）把控制系统的电源打开，把 CPU 置于 STOP 或者 RUN-P 状态，回到硬件配置窗口，点击图标下载配置好的硬件到 CPU 中，把 CPU 置于 RUN 状态（如果下载程序时 CPU 置于 RUN-P 状态，则可省略这一步），如果 CPU 的 SF 灯不亮，亮的只有绿灯，表明硬件配置正确。

7）如果 CPU 的 SF 灯亮，则表明配置出错，点击硬件配置窗口中图标则配置错的模块将有红色标记，反复修改出错模块参数，保存并下载到 CPU，直到 CPU 的 SF 灯不亮，亮的只有绿灯为止。

（3）输入程序。配置好硬件之后，回到 STEP 7 管理器界面窗口，鼠标左键单击窗口左边的“Block”选项，则右边窗口中会出现“OB1”图标（见图 2-7），“OB1”是系统的主程序循环块，“OB1”里面可以写程序，也可以不写程序，根据需要确定。STEP 7 中有很多功能各异的块，分别描述如下：

1）组织块（Organization Block，简称 OB）。组织块是操作系统和用户程序间的接口，它被操作系统调用。组织块控制程序执行的循环和中断、PLC 的启动、发送错误报告等。可以通过在组织块里编程来控制 CPU 的动作。

2）功能函数块（Function Block，简称 FB）。功能函数块为 STEP 7 系统函数，每一个功能函数块完成一种特定的功能，可以根据实际需要调用不同的功能函数块。

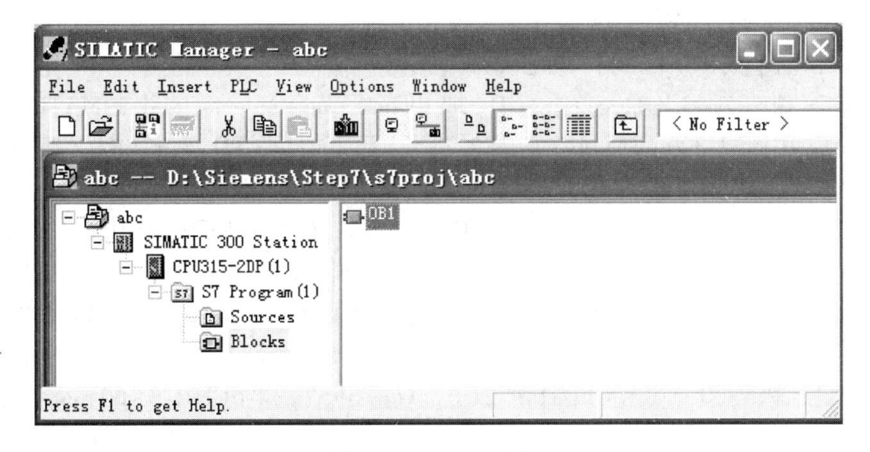

图 2-7 “OB1”图标

3）函数（Function，简称 FC）。函数是为了满足用户一种特定的功能需求而由用户自己编写的子程序，函数编写好之后，用户可对它进行调用。

4）数据块（Data Block，简称 DB）。数据块是用户为了对系统数据进行存储而开辟的数据存储区域。

5）数据类型（Data Type，简称 UDT）。它是用户用来对系统数据定义类型的功能模块。

6）变量标签（Variable Table，简称 VAT）。用户可以在变量标签中加入系统变量，并对这些变量加上用户易懂的注释，方便用户编写程序或进行变量监视。如图 2-8 所示。

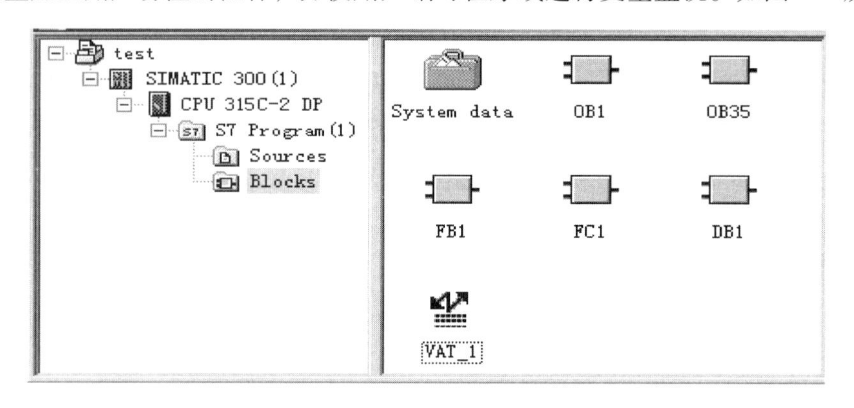

图 2-8　变量标签

如果要加入某种块，可在右边窗口（即出现“OB1”的窗口）空白处单击鼠标右键选择“Insert New Object”选项，在其下拉菜单中鼠标左键单击所要的块即可。添加好了所要的块之后就是程序编写了，鼠标左键双击所要编写程序的块即可编写程序了。

程序写好并编译通过之后点击 STEP 7 管理器界面窗口中的图标，下载到 CPU 中，把 CPU 置于 RUN 状态即可运行程序。

方法二：直接创建项目。

（1）双击 SIMATIC Manager 图标，打开 STEP7 主画面。如图 2-9 所示。

（2）点击 FILE \ NEW，按照图例输入文件名称（如 TEST）和文件夹地址，然后点击 OK，系统将自动生成 TEST 项目。如图 2-10 所示。

（3）点亮 TEST 项目名称，点击右键，选中 Insert new object，点击 SIMATIC 300 STATION，将生成一个 S7-300 的项目（见图 2-11），如果项目 CPU 是 S7-400，那么选中 SIMATIC 400 STATION 即可。

（4）TEST 左面的“+”点开，选中 SIMATIC 300（1），然后选中 Hardware 并双击或右键点击 OPEN OBJECT，硬件组态画面即可打开。如图 2-12 所示。

（5）双击 SIMATIC 300\RACK-300，然后将 Rail 拖入到左边空白处，生成空机架。如图 2-13 所示。

（6）双击 CPU-300，双击 CPU314C-2DP，双击 6ES7 314-6CF01-0AB0，将其拖到机架 RACK 的第 2 个插槽，一个组态 PROFIBUS-DP 的窗口将弹出，在 Address 中选择分配的 DP 地址，默认为 2。如图 2-14 所示。

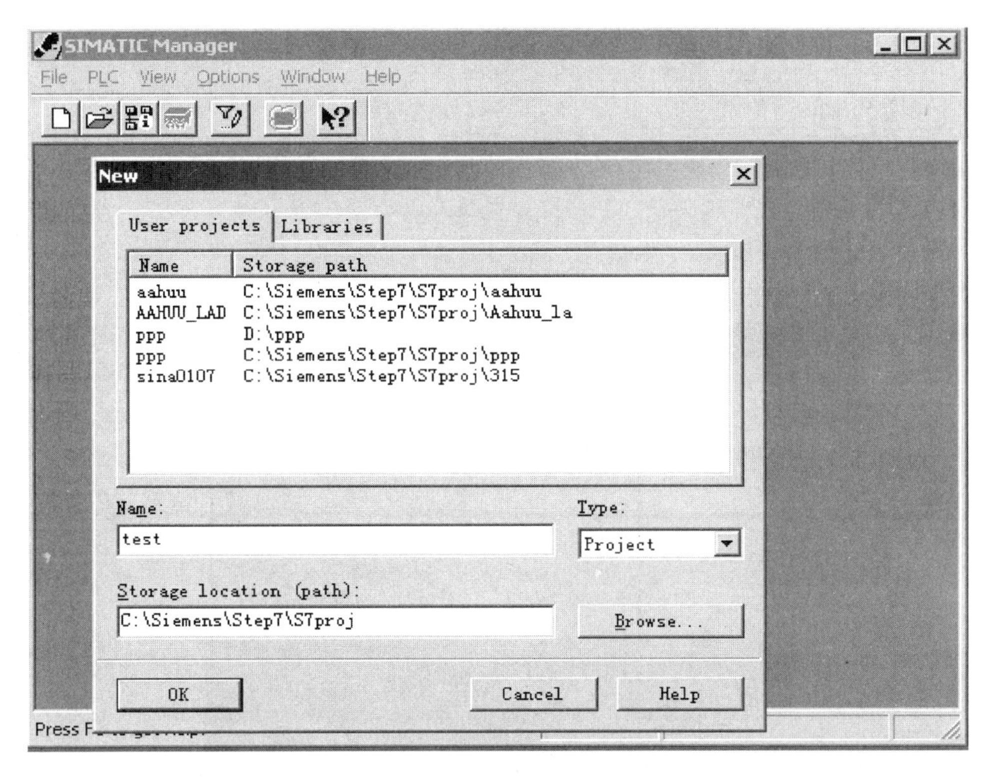

图 2-9　STEP7 主画面

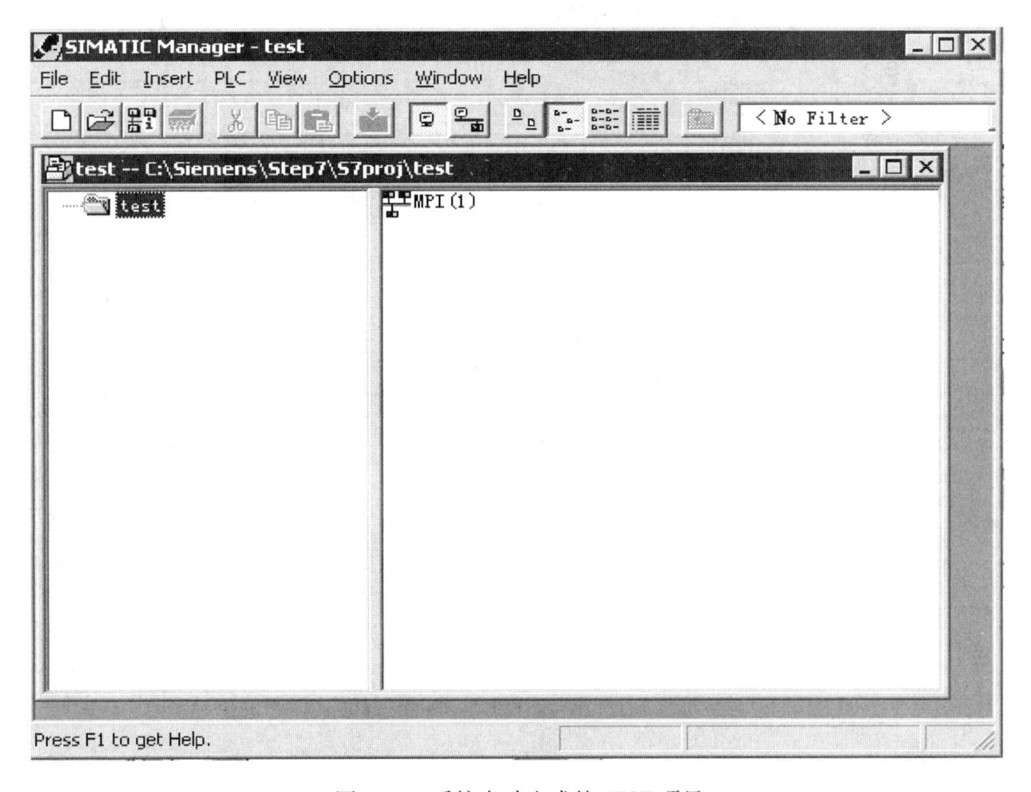

图 2-10　系统自动生成的 TEST 项目

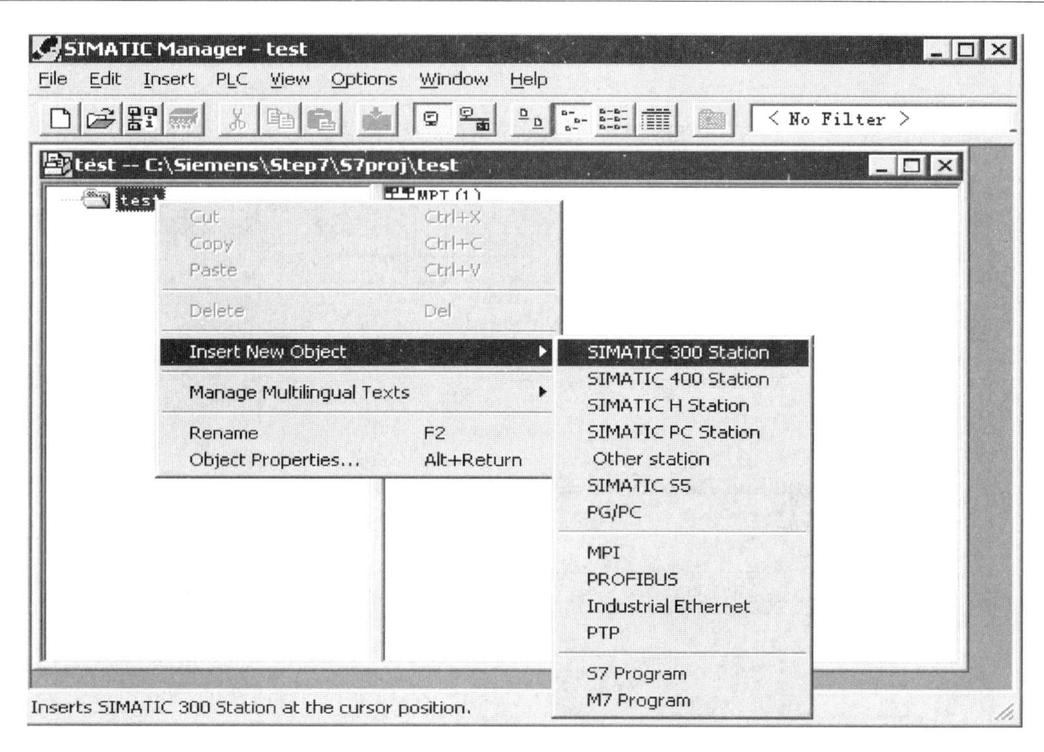

图 2-11　生成一个 S7-300 项目

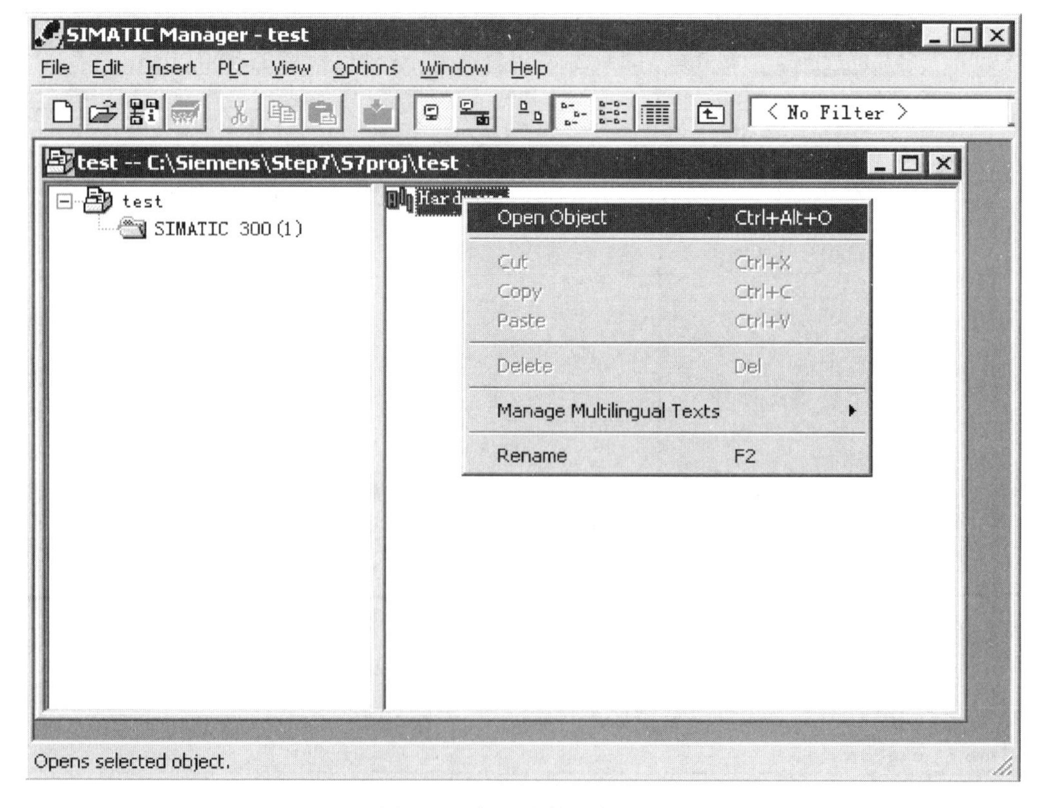

图 2-12　打开硬件组态画面

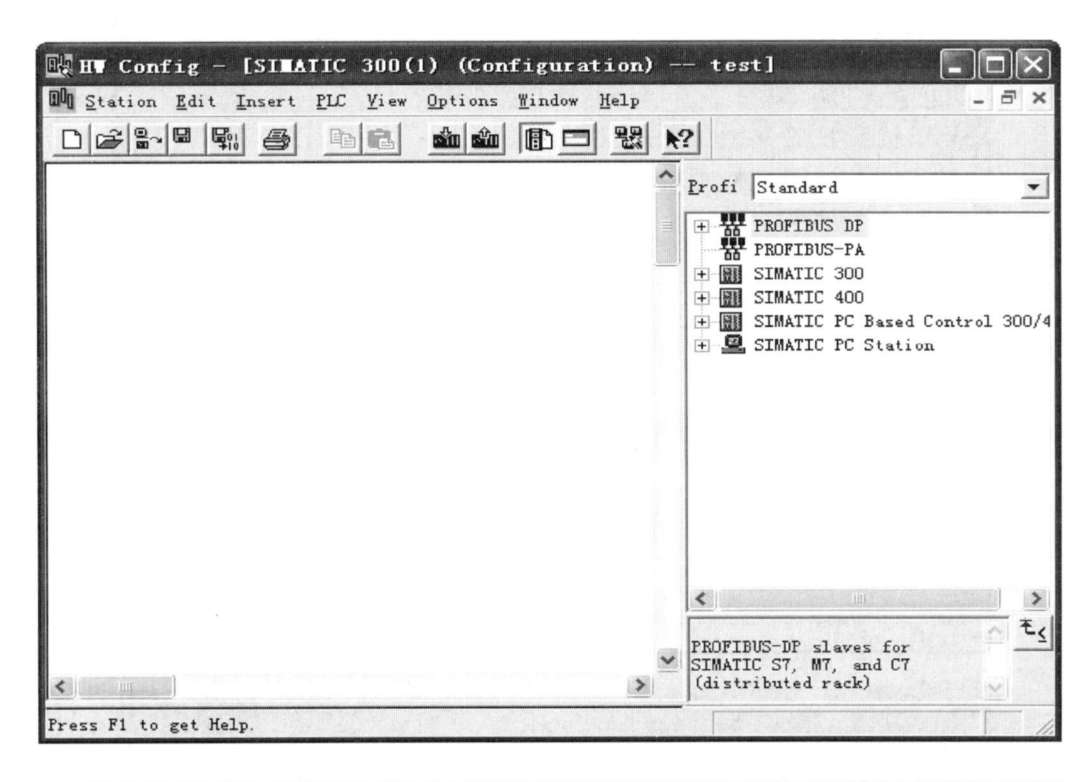
HW Config - [SIMATIC 300(1) (Configuration) -- test]
Station Edit Insert PLC View Options Window Help
Profi
Standard
PROFIBUS DP
PROFIBUS-PA
SIMATIC 300
SIMATIC 400
SIMATIC PC Based Control 300/4
SIMATIC PC Station
PROFIBUS-DP slaves for SIMATIC S7, M7, and C7 (distributed rack)
Press F1 to get Help.

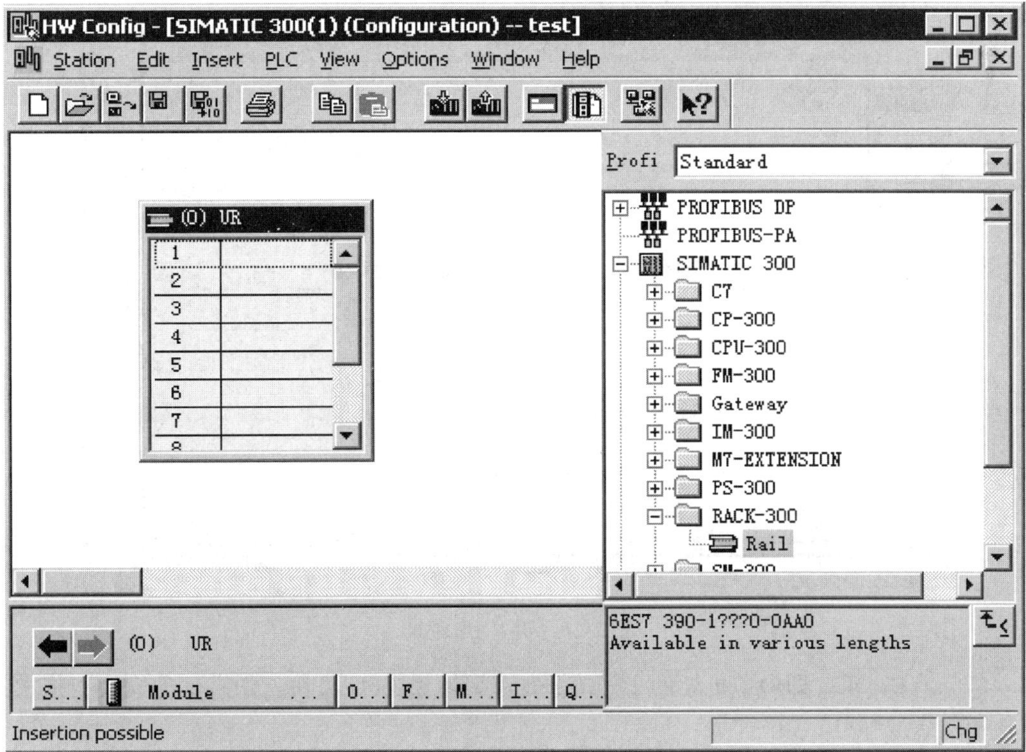
HW Config - [SIMATIC 300(1) (Configuration) -- test]
Station Edit Insert PLC View Options Window Help
(0) UR
1
2
3
4
5
6
7
Profi
Standard
PROFIBUS DP
PROFIBUS-PA
SIMATIC 300
C7
CP-300
CPU-300
FM-300
Gateway
IM-300
M7-EXTENSION
PS-300
RACK-300
Rail
(0) UR
S...
Module
O...
F...
M...
I...
Q...
6ES7 390-1???0-0AA0
Available in various lengths
Insertion possible
Chg

图 2-13　生成空机架

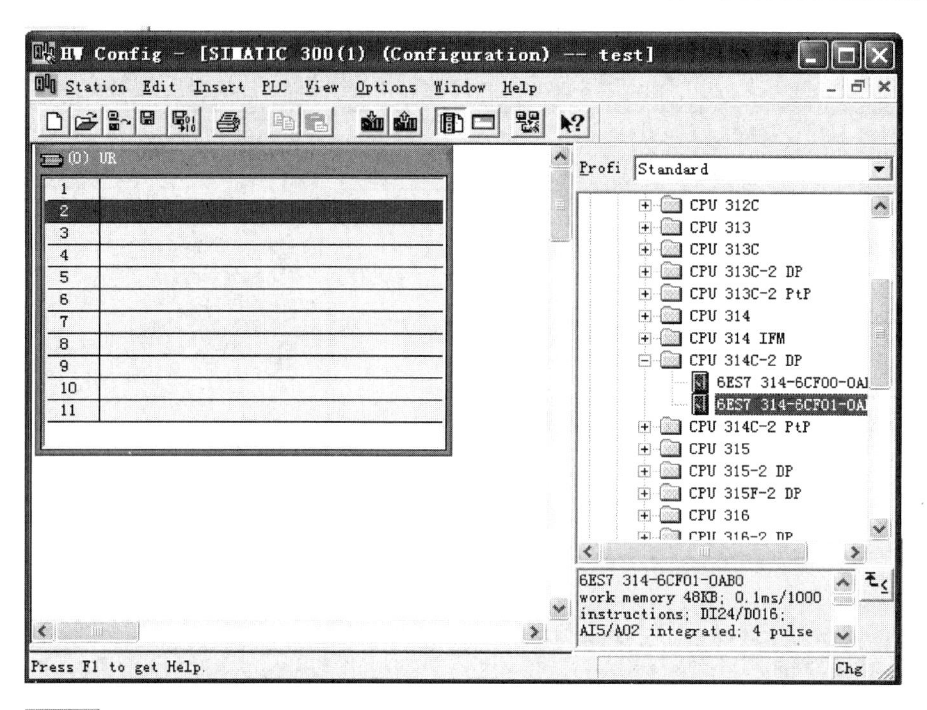

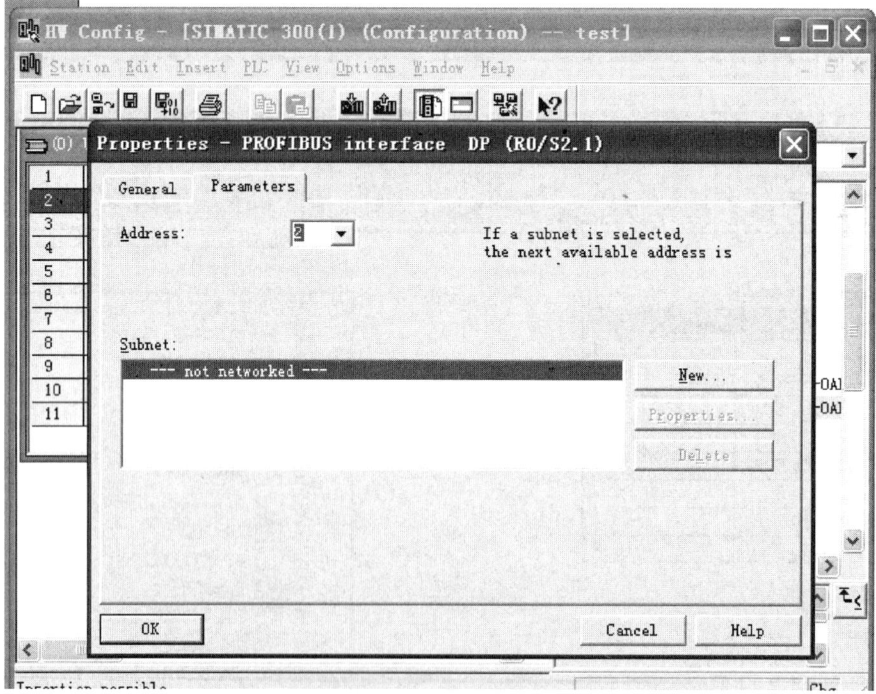

图 2-14　设置 DP 地址

（7）点击 OK，即向主机架的 2 号槽添加了紧凑型 CPU 模块，如有其他模块，依次在其他槽位添加即可。如图 2-15 所示。

（8）点击 (Save and Complice)，存盘并编译硬件组态，完成硬件组态工作。如图 2-16 所示。

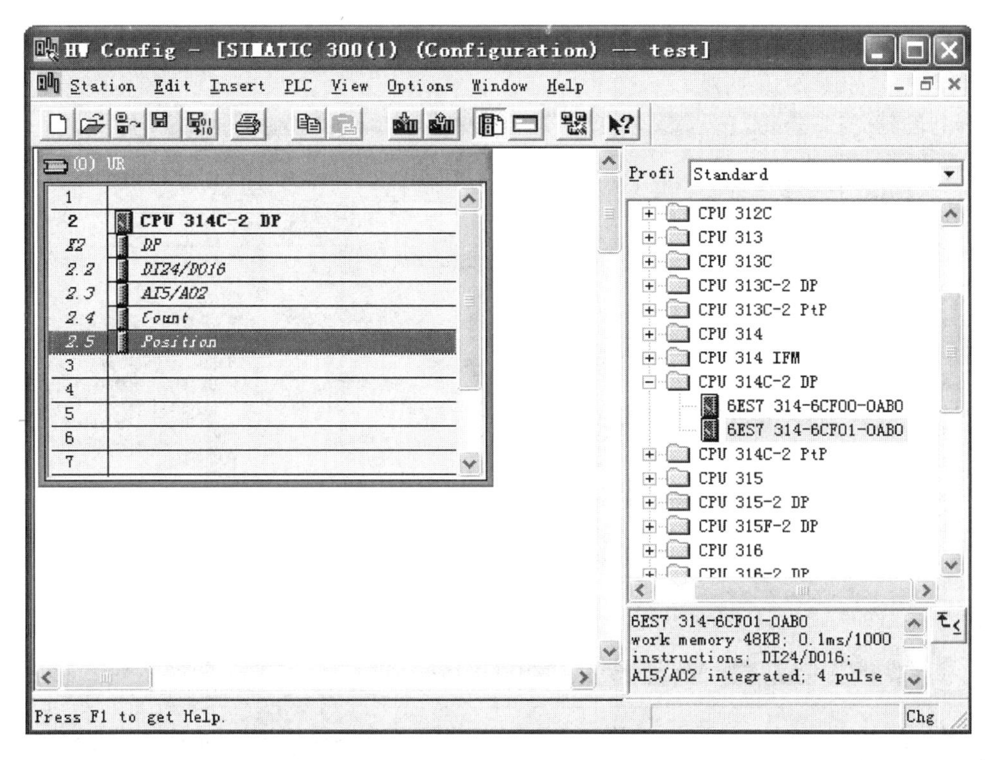

图 2-15 添加 CPU 模型

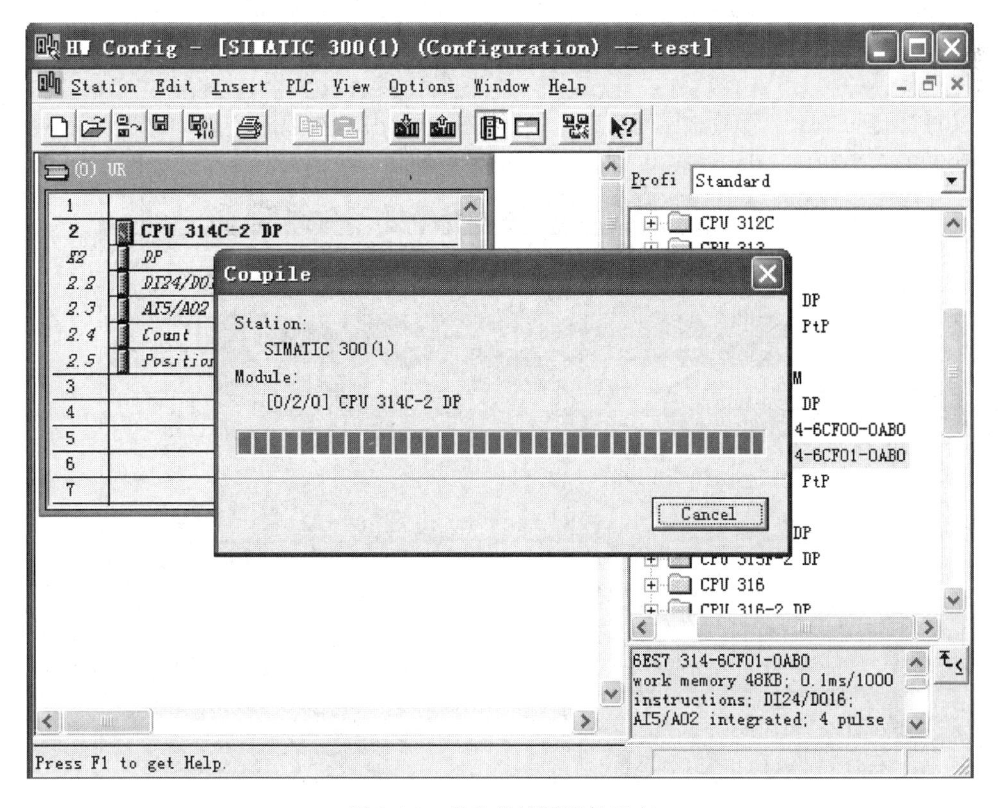

图 2-16 存盘并编译硬件组态

（9）检查组态，点击 STATION \ Consistency check，如果弹出 NO error 窗口，则表示没有错误产生。如图 2-17 所示。

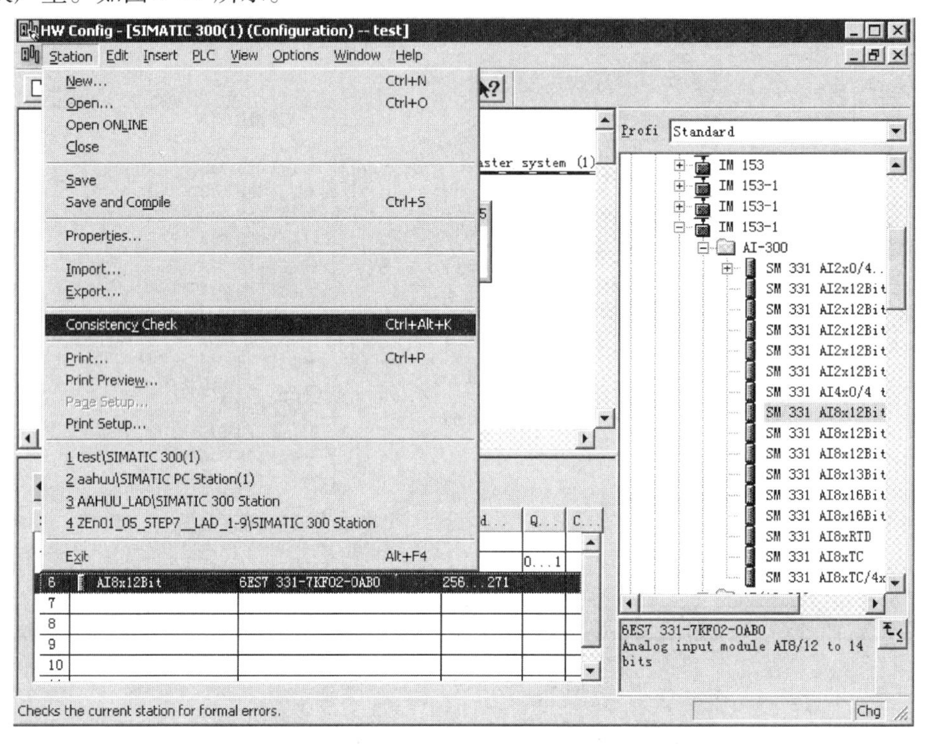

图 2-17　检查组态

（10）回到 STEP 7 管理器界面窗口，鼠标左键单击窗口左边的“Block”选项，则右边窗口中会出现“OB1”图标，双击“OB1”即可根据控制要求书写程序了。如图 2-18 所示。

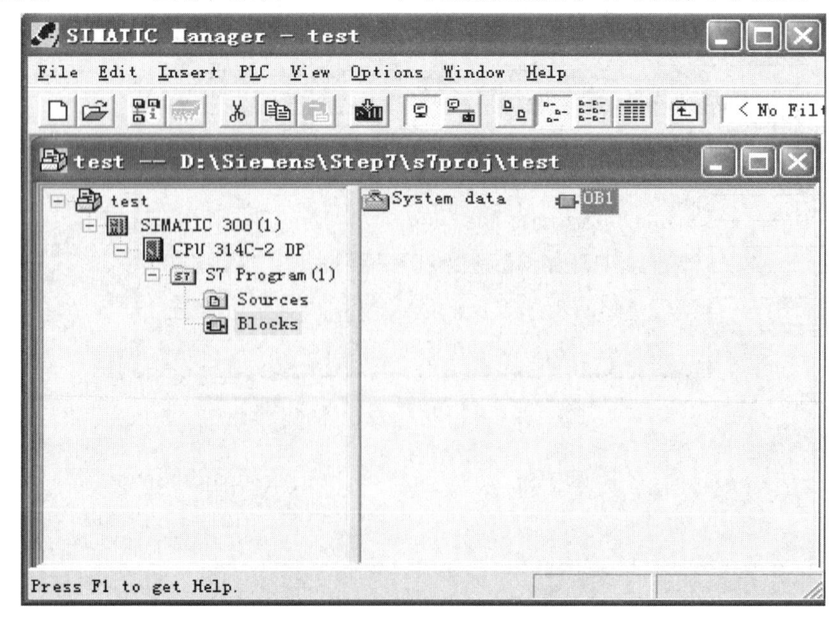

图 2-18　双击“OB1”开始书写程序

2.1.3 实验设备及元器件

PLC 实验装置，编程器（计算机）等。

2.1.4 实验步骤

（1）对照实验设备，了解 PLC 的模块排列顺序，并确定各模块的地址。

（2）了解各模块的接线方式。

（3）练习 STEP 7 的使用，学会用 STEP 7 创建项目、组态硬件、录入程序、下载程序、运行程序等。可在教材上自找一段 LAD 程序，创建一个项目，根据实际的硬件进行组态并练习录入程序，编译通过之后点击 STEP 7 管理器界面窗口中的下载图标，把程序下载到 CPU 中，把 CPU 置于 RUN 状态运行程序，观察程序运行情况。

2.1.5 课后练习

（1）在自己的电脑上，学习安装 STEP 7 软件。

（2）反复练习 STEP 7 软件的使用，并参考相关资料，学会使用仿真器。

2.2 实验二 基本指令的编程练习

2.2.1 与或非逻辑功能实验

2.2.1.1 实验目的

（1）熟悉 PLC 实验装置、S7-300 系列实验挂箱的外部接线方法。

（2）了解编程软件 STEP7 的编程环境，软件的使用方法。

（3）掌握与、或、非逻辑功能的编程方法。

2.2.1.2 实验内容

新建一个项目，分别编写“与”门，“或”门、“非”门以及“或非”门的 LAD 程序，并验证其逻辑功能。

通过专用 PC/MPI 电缆连接计算机与 PLC 主机。打开编程软件 STEP7，逐条输入程序，检查无误后，将所编程序下载到主机内，并将可编程控制器主机上的 STOP/RUN 开关拨到 RUN 位置，运行指示灯点亮，表明程序开始运行，有关的指示灯将显示运行结果。

分别拨动控制输入状态的开关，通过程序判断正确的输出状态，观察输出指示灯是否符合逻辑。

2.2.1.3 实验设备及元器件

PLC 实验装置，编程器（计算机）等。

本实验在“SM21 S7-300 模拟实验挂箱”中完成，该实验挂箱“基本指令编程练习”面板图如图 2-19 所示。

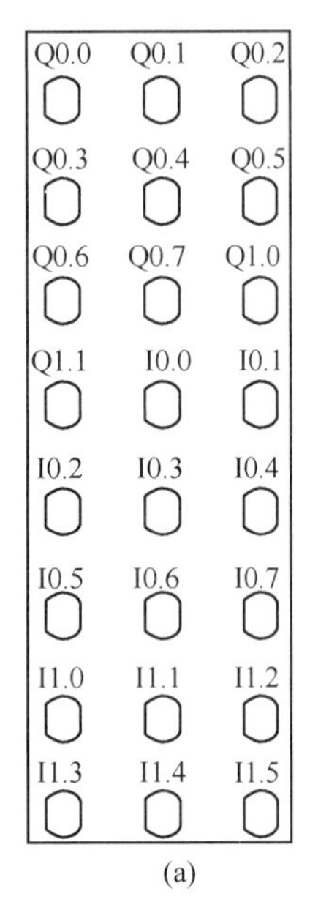

图 2-19　“基本指令编程练习”面板图（SM21 S7-300 模拟实验挂箱）

图 2-19（a）中的接线孔，通过防转座插锁紧线与 PLC 的主机相应输入输出插孔相接。I 为输入点，Q 为输出点。

图 2-19（b）中下面两排 I0.0 ~ I1.5 为输入按键和开关，模拟开关量的输入。

上边一排 Q0.0 ~ Q1.1 是 LED 指示灯，接 PLC 主机输出端，用以模拟输出负载的通与断。

2.2.1.4　实验步骤

（1）对照实验设备，了解 PLC 的模块排列顺序，并确定各模块的地址。

（2）了解各模块的接线方式。

（3）练习 STEP 7 的使用，学会用 STEP 7 创建项目、组态硬件、录入程序、下载程序、运行程序等。可在教材上自找一段 LAD 程序，创建一个项目，根据实际的硬件进行组态并练习录入程序，编译通过之后点击 STEP 7 管理器界面窗口中的下载图标，把程序下载到 CPU 中，把 CPU 置于 RUN 状态运行程序，观察程序运行情况。

（4）用面板上的 I0.0 至 I0.7 分别对应控制实验单元输入开关 I0.0 至 I0.7，输出状态分别由指示灯 Q0.1、Q0.2、Q0.3、Q0.4 显示，输入并运行程序加以验证。

2.2.1.5　I/O 地址分配

I/O 地址分配见表 2-1。

表 2-1　I/O 地址分配

功　能	输　入		输　出
“与”门	I0.0	I0.1	Q0.1
“或”门	I0.2	I0.3	Q0.2
“非”门	I0.4	I0.5	Q0.3
“或非”门	I0.6	I0.7	Q0.4

2.2.1.6　参考程序

Network 1: Title:

"与"门

I0.0　I0.1　Q0.1

Network 2: Title:

"或"门

I0.2　Q0.2

I0.3

Network 3: Title:

"非"门

I0.4　I0.5　Q0.3

Network 4: Title:

"或非"门

I0.6　Q0.4

I0.7

2.2.2　定时器/计数器功能实验

2.2.2.1　实验目的

掌握定时器、计数器的正确编程方法，并学会定时器和计数器扩展方法，用编程软件对可编程控制器的运行进行监控。

2.2.2.2　实验设备

同与或非逻辑功能实验。

2.2.2.3　实验内容及步骤

A　定时器的认识实验

定时器的控制逻辑是经过时间继电器的延时动作，然后产生控制作用。其控制作用同一般时间继电器。它可分为：脉冲定时器（SP）、扩展脉冲定时器（SE）、接通延时定时器（SD）、保持型接通延时定时器（SS）和断开延时定时器（SF）。

用定时器指令设计一个程序：当闭合开关 S_1 20s 后，指示灯 LD 亮，断开开关 S_1 指示灯 LD 立即熄灭；如果开关 S_1 闭合的时间不足 20s 即断开，则指示灯 LD 不亮。

参考答案：

（1）I/O 地址分配见表 2-2。

表 2-2　I/O 地址分配

项　目	输　入	输　出
符号	S_1	LD
I/O 地址	I1.0	Q0.5

（2）参考程序：

Network1：定时器的认识

T0
I1.0
S_ODT
S　Q
Q0.5
S5T#20S　TV　BI　…
…　R　BCD　…

B　定时器扩展实验

由于 PLC 的定时器和计数器都有一定的定时范围和计数范围。如果需要的设定值超过机器范围，可以通过几个定时器和计数器的串联组合来扩充设定值的范围。

参考程序：

Network1：定时器的扩展

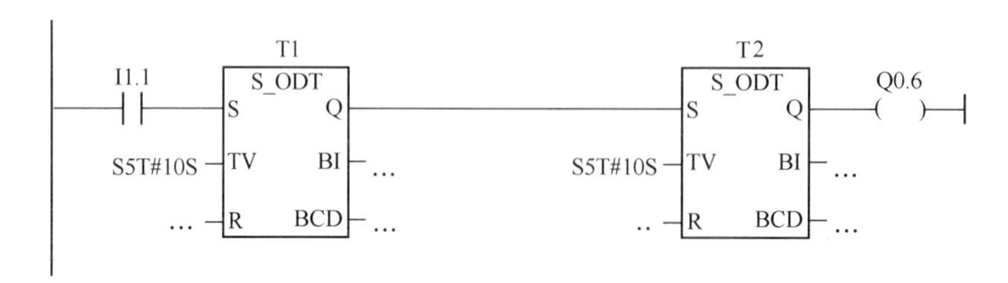

C　计数器认识实验

西门子 S7-300 系列的内部计数器分为加计数器，减计数器和加减计数器三种。

设计一段程序：当计数脉冲 I1.2 为“1”时，计数器 C0 加“1”。MW10 存储计数器 C0 的二进制当前值。MW10 的内容与常数 5 进行比较，如果 MW10 的内容大于或等于 5，则输出 Q0.7 为“1”。

参考程序：

Network1: 计数器的认识实验

I1.2
C0
S_CU
CU　Q
S　CV — MW1.0
PV　CV_BCD — …
M0.0 — R
CMP>=1
MW10 — IN1
5 — IN2
Q0.7

D　计数器的扩展实验

计数器的扩展与定时器扩展的方法类似。

设计一段程序：当计数脉冲 I1.3 为“1”时，计数器 C1 加“1”。MW12 存储计数器 C1 的二进制当前值。MW12 的内容与常数 3 进行比较，如果 MW12 的内容大于或等于 3，则给计数器 C2 提供一个计数脉冲。MW14 存储计数器 C2 的二进制当前值。MW14 的内容与常数 3 进行比较，如果 MW14 的内容大于或等于 3，则输出 Q1.0 为“1”。

参考程序：

Network1: 计数器的扩展实验

I1.3
C1
S_CU
CU　Q
… — S　CV — MW12
… — PV　CV_BCD — …
M0.0 — R
CMP>=1
MW12 — IN1
3 — IN2
C2
S_CU
CU　Q
… — S　CV — MW14
… — PV　CV_BCD — …
M0.0 — R
CMP>=1
MW14 — IN1
3 — IN2
Q1.0

2.2.3　课后练习

（1）试对电机自动正反转控制进行简单的 PLC 设计。具体设计步骤及要求如下：电机启动后先正转，正转 30s 后自动切换为反转，反转 40s 后又自动切换为正转，如此循环，直至按下停车按钮。

（2）试用“计数器和比较指令”设计：按钮 I0.0（常开点）闭合 1 次之后，输出 Q4.0 的状态为 1，闭合 2 次之后，输出 Q4.0 的状态为 0，再闭合 1 次之后，输出 Q4.0 的状态又变为1，如此循环；计数器种类自己思考。

2.3　实验三　三相异步电动机点动控制和自锁控制

2.3.1　实验目的

（1）通过对PLC控制的三相异步电动机点动控制和自锁控制线路的实际安装接线，掌握电气线路接线的基本知识。

（2）通过实验进一步加深理解点动控制和自锁控制的特点。

2.3.2　实验设备

实验设备见表2-3。

表2-3　实验设备

序号	名　称	数　量
1	三相交流电源	1
2	三相鼠笼式异步电动机	1
3	交流接触器	1
4	按　钮	2
5	热继电器	1
6	万用表	1
7	THSMS-D实验台	1

2.3.3　实验原理及内容

认识各电器的结构、图形符号、接线方法；抄录电动机及各电器铭牌数据；并在断电状态下用万用电表检查各电器线圈、触头是否完好。实验线路电源端接三相电源的U、V、W端。

2.3.3.1　*点动控制电路*

（1）读懂图2-20所示点动控制的继电接触器控制线路原理图。

（2）对主电路进行安装接线，即从三相交流电源的输出端U、V、W开始，经接触器KM的主触头，热继电器FR的热元件到电动机M的三个线端A、B、C，用导线按顺序串联起来。接好线路，经指导教师检查无误后，方可进行下面的步骤。

（3）根据图2-20的控制原理对三相异步电动机的点动控制进行PLC改造：

1）进行I/O地址分配。

2）绘制PLC硬件接线图，然后进行PLC外围硬接线，接好线路，经指导教师检查无误后，方可进行下面的步骤。

3）编制PLC对三相异步电动机进行点动控制的程序，编好以后先在仿真器中进行调试，确认程序正确后，下载到 PLC 对三相异步电动机进行控制。

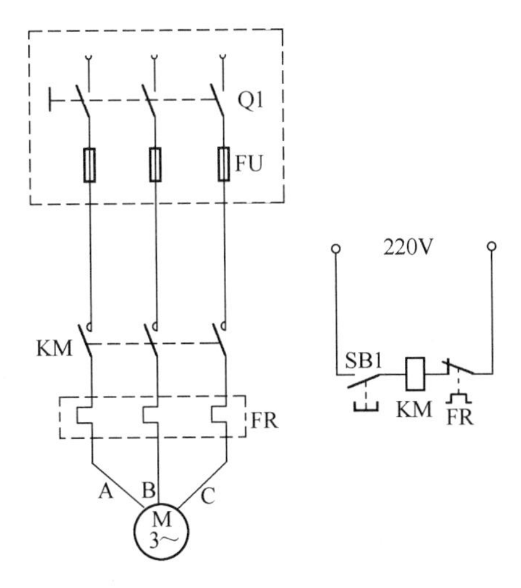

图 2-20 点动控制继电接触器控制线路原理

（4）对三相异步电动机进行点动控制操作：

1）按启动按钮 SB1，对电动机 M 进行点动操作，比较按下 SB1 与松开 SB1 电动机和接触器的运行情况。

2）实验完毕，按控制屏停止按钮，切断实验线路三相交流电源。

2.3.3.2 自锁控制电路

（1）读懂图 2-21 所示自锁控制继电接触器控制线路原理图。

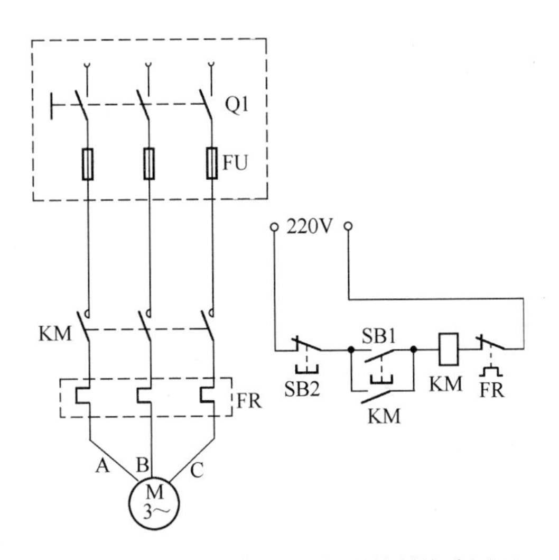

图 2-21 自锁控制继电接触器控制线路原理

（2）对图 2-21 主电路进行安装接线，即从三相交流电源的输出端 U、V、W 开始，经接触器 KM 的主触头，热继电器 FR 的热元件到电动机 M 的三个线端 A、B、C，用导线按顺序串联起来。接好线路，经指导教师检查无误后，方可进行下面的步骤。

（3）根据图 2-21 的控制原理对三相异步电动机的自锁控制进行 PLC 改造：

1）进行 I/O 地址分配。

2）绘制 PLC 硬件接线图，然后进行 PLC 外围硬接线，接好线路，经指导教师检查无误后，方可进行下面的步骤。

3）编制 PLC 对三相异步电动机进行自锁控制的程序，编好以后先在仿真器中进行调试，确认程序正确后，下载到 PLC 对三相异步电动机进行控制。

（4）对三相异步电动机进行点动控制操作：

1）按启动按钮 SB1，松手后观察电动机 M 是否继续运转。

2）按停止按钮 SB2，松手后观察电动机 M 是否停止运转。

3）实验完毕，按控制屏停止按钮，切断实验线路三相交流电源。

2.3.4 实验注意事项

（1）接线时合理安排挂箱位置，接线要求牢靠、整齐、清楚、安全可靠。

（2）操作时要胆大、心细、谨慎，不许用手触及各电器元件的导电部分及电动机的转动部分，以免触电及意外损伤。

（3）通电观察继电器动作情况时，要注意安全，防止碰触带电部位。

2.3.5 思考题

（1）点动控制线路与自锁控制线路从结构上看主要区别是什么？从功能上看主要区别是什么？

（2）交流接触器线圈的额定电压为 220V，若误接到 380V 电源上会产生什么后果？反之，若接触器线圈电压为 380V，而电源线电压为 220V，其结果又如何？

（3）在主回路中，熔断器和热继电器热元件可否少用一只或两只？熔断器和热继电器两者可否只采用其中一种就可起到短路和过载保护作用，为什么？

2.3.6 参考答案

2.3.6.1 点动控制电路

（1）地址分配见表 2-4。

表 2-4 I/O 地址分配

符　号	I/O 地址分配	说　明
FR	I0.0	热继电器（常闭触头）
SB	I0.1	按钮（常开触头）
KM	Q4.0	接触器线圈

（2）PLC 硬件接线如图 2-22 所示。

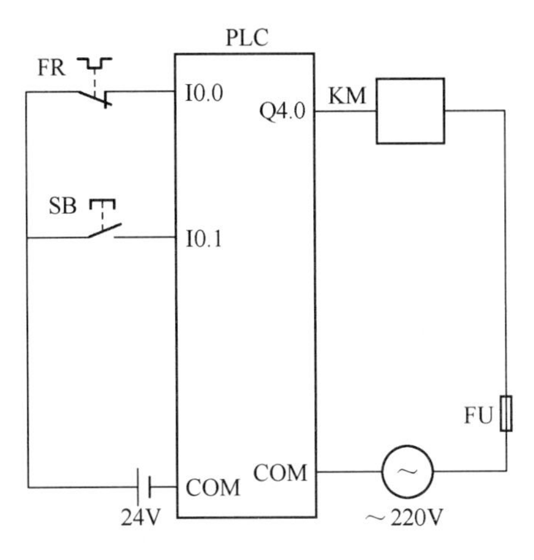

图 2-22　PLC 硬件接线

（3）控制程序：

I0.0　I0.1　Q4.0

2.3.6.2　自锁控制电路

（1）地址分配见表 2-5。

表 2-5　I/O 地址分配

符　号	I/O 地址分配	说　　明
FR	I0.0	热继电器（常闭触头）
SB1	I0.1	停车按钮（常闭触头）
SB2	I0.2	启动按钮（常开触头）
KM	I0.3	KM 自锁触头（常开触头）
KM	Q4.0	接触器线圈

（2）PLC 硬件接线如图 2-23 所示。

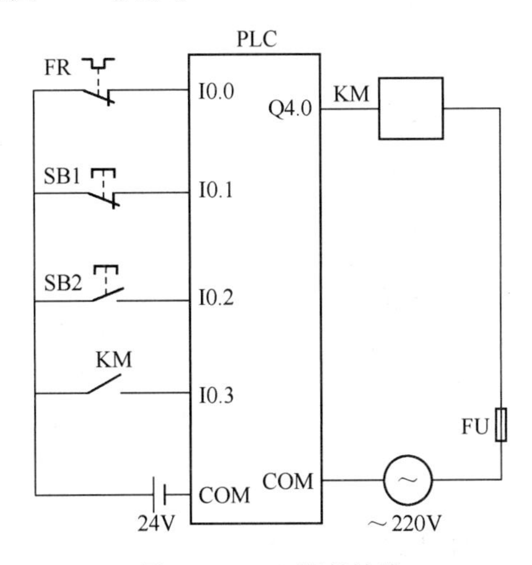

图 2-23　PLC 硬件接线

（3）控制程序。

1）实验模拟型：

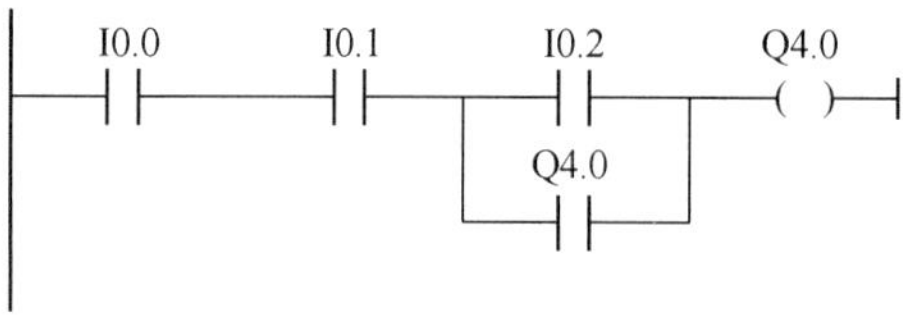

I0.0　I0.1　I0.2　Q4.0

Q4.0

2）实际工程型：

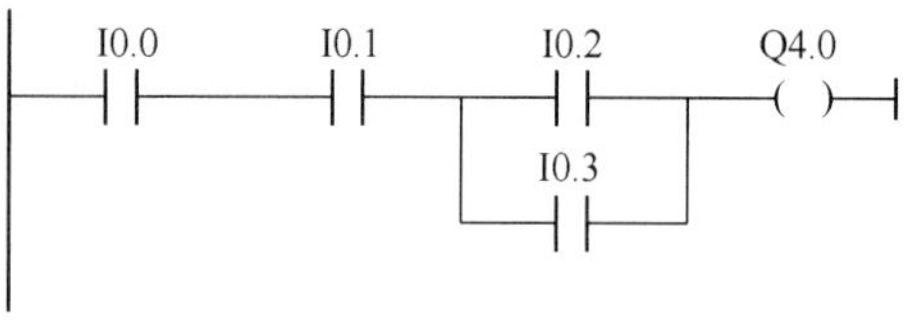

I0.0　I0.1　I0.2　Q4.0

I0.3

2.4　实验四　三相异步电机联锁正反转控制

2.4.1　实验目的

（1）通过对三相鼠笼式异步电动机联锁正反转控制线路的安装接线，掌握由电气原理图接成实际操作电路的方法。

（2）加深对电气控制系统各种保护、自锁、互锁等环节的理解。

2.4.2　实验设备

实验设备见表2-6。

表2-6　实验设备

序　号	名　　称	数　量
1	三相交流电源	1
2	三相鼠笼式异步电动机	1
3	交流接触器	2
4	按　钮	3
5	热继电器	1
6	万用电表	1
7	THSMS-D实验台	1

2.4.3　实验原理及内容

认识各电器的结构、图形符号、接线方法；抄录电动机及各电器铭牌数据；并用万用电表欧姆挡检查各电器线圈、触头是否完好。

2.4.3.1 接触器联锁的正反转控制线路

（1）读懂图2-24所示接触器联锁的正反转控制的继电接触器控制线路原理图。

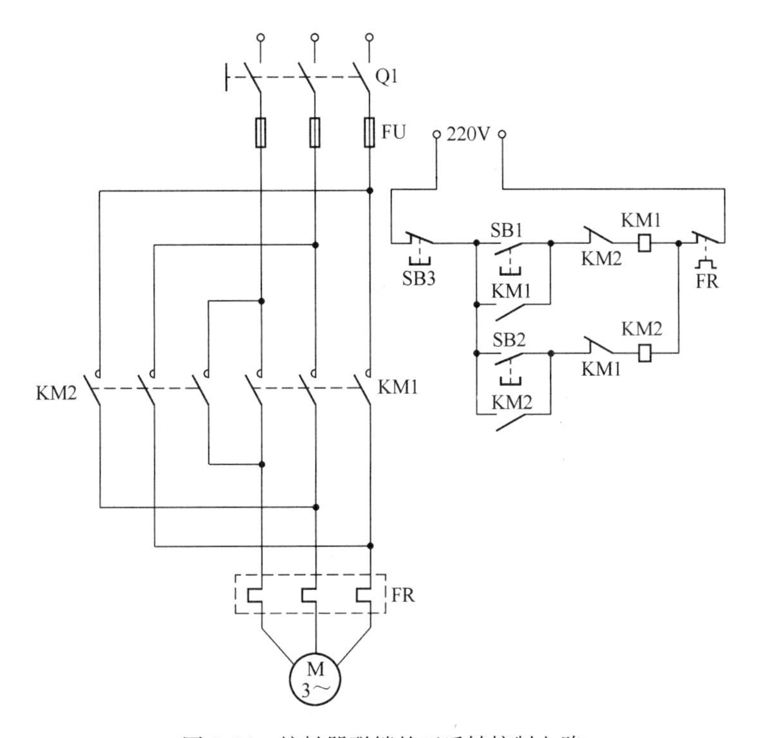

图2-24 接触器联锁的正反转控制电路

（2）对图2-24中的主电路进行安装接线，即从三相交流电源的输出端U、V、W开始，经接触器KM的主触头，热继电器FR的热元件到电动机M的三个线端A、B、C，用导线按顺序串联起来。接好线路，经指导教师检查无误后，方可进行下面的步骤。

（3）根据图2-24中的控制电路进行PLC改造：

1）进行I/O地址分配。

2）绘制PLC硬件接线图，然后进行PLC外围硬接线，接好线路，经指导教师检查无误后，方可进行下面的步骤。

3）编制PLC对三相异步电动机进行接触器联锁控制的程序，编好以后先在仿真器中进行调试，确认程序正确后，下载到PLC对三相异步电动机进行控制。

（4）通电试车操作：

1）开启控制屏电源总开关，打开电源。

2）按正向启动按钮SB1，观察并记录电动机的转向和接触器的运行情况。

3）按反向启动按钮SB2，观察并记录电动机和接触器的运行情况。

4）按停止按钮SB3，观察并记录电动机的转向和接触器的运行情况。

5）再按SB2，观察并记录电动机的转向和接触器的运行情况。

6）实验完毕，按控制屏停止按钮，切断实验线路电源。

2.4.3.2　接触器和按钮双重联锁的正反转控制线路

（1）读懂图 2-25 所示接触器按钮双重联锁的正反转控制的继电接触器控制线路原理图。

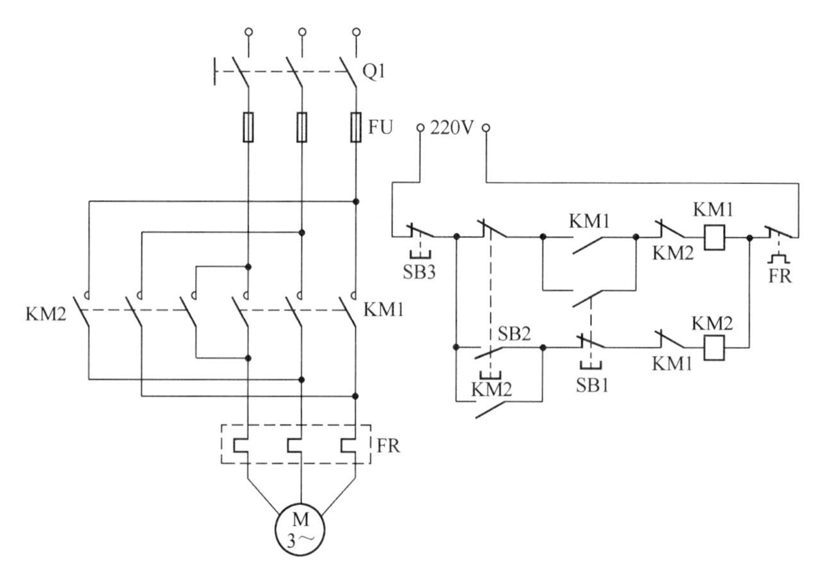

图 2-25　接触器按钮双重联锁的正反转控制继电接触器控制线路原理

（2）对图 2-25 中的主电路进行安装接线，即从三相交流电源的输出端 U、V、W 开始，经接触器 KM 的主触头，热继电器 FR 的热元件到电动机 M 的三个线端 A、B、C，用导线按顺序串联起来。接好线路，经指导教师检查无误后，方可进行下面的步骤。

（3）根据图 2-25 中的控制电路进行 PLC 改造：

1）进行 I/O 地址分配。

2）绘制 PLC 硬件接线图，然后进行 PLC 外围硬接线，接好线路，经指导教师检查无误后，方可进行下面的步骤。

3）编制 PLC 对三相异步电动机进行接触器按钮双重联锁控制的程序，编好以后先在仿真器中进行调试，确认程序正确后，下载到 PLC 对三相异步电动机进行控制。

（4）通电试车操作：

1）按控制屏启动按钮，接通三相交流电源。

2）按正向启动按钮 SB1，电动机正向启动，观察电动机的转向及接触器的动作情况。按停止按钮 SB3，使电动机停转。

3）按反向启动按钮 SB2，电动机反向启动，观察电动机的转向及接触器的动作情况。按停止按钮 SB3，使电动机停转。

4）按正向（或反向）启动按钮，电动机启动后，再去按反向（或正向）启动按钮，观察有何情况发生。

5）电动机停稳后，同时按正、反向两只启动按钮，观察有何情况发生。

6）实验完毕，按控制屏停止按钮，切断实验线路电源。

2.4.4 思考题

（1）在电动机正、反转控制线路中，为什么必须保证两个接触器不同时工作？采用哪些措施可解决此问题，这些方法有何利弊，最佳方案是什么？

（2）在控制线路中，短路、过载、失压、欠压保护等功能是如何实现的？在实际运行过程中，这几种保护有何意义？

2.4.5 参考答案

2.4.5.1 接触器联锁的正反转控制线路

（1）地址分配见表2-7。

表2-7 I/O地址分配

符　号	I/O地址分配	说　明
FR	I0.0	热继电器（常闭触头）
SB3	I0.1	停车按钮（常闭触头）
SB1	I0.2	正转启动按钮（常开触头）
SB2	I0.3	反转启动按钮（常开触头）
KM1	I0.4	接触器KM1常开辅助触头
KM2	I0.5	接触器KM2常开辅助触头
KM1	Q4.0	KM1接触器线圈
KM2	Q4.1	KM2接触器线圈

（2）PLC硬件接线如图2-26所示。

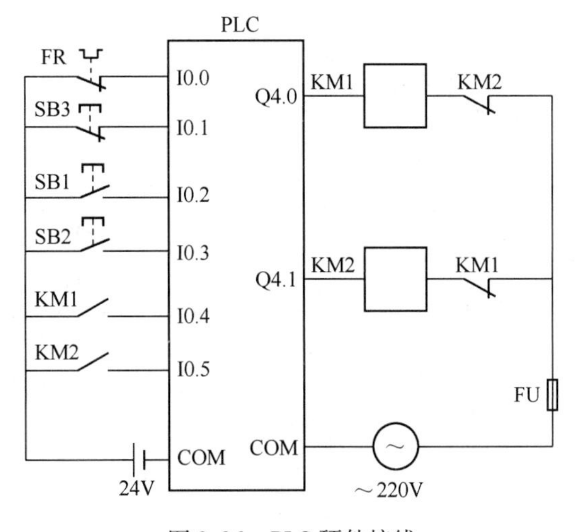

图2-26 PLC硬件接线

（3）控制程序。

1）实验模拟型：

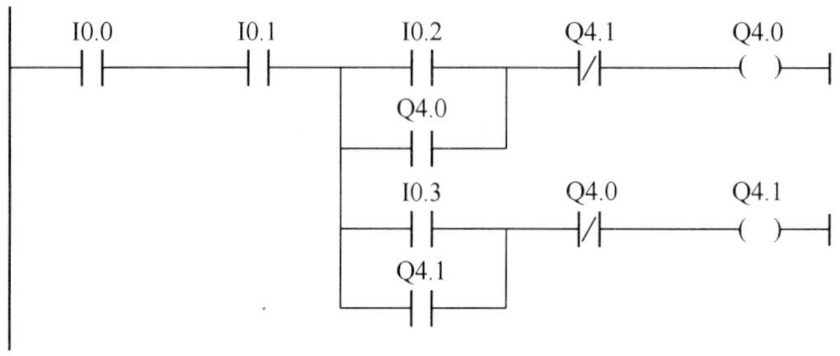

I0.0　I0.1　I0.2　Q4.1　Q4.0
Q4.0
I0.3　Q4.0　Q4.1
Q4.1

2）实际工程型：

I0.0　I0.1　I0.2　I0.5　Q4.0
I0.4
I0.3　I0.4　Q4.1
I0.5

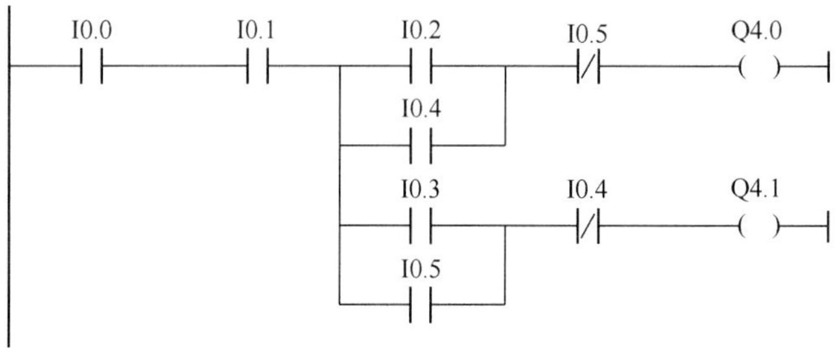

2.4.5.2　接触器和按钮双重联锁的正反转控制线路

（1）地址分配：与接触器联锁的正反转控制线路的地址分配相同。

（2）PLC 硬接线图：与接触器联锁的正反转控制线路的地址分配相同。

（3）控制程序。

1）实验模拟型：

I0.0　I0.1　I0.2　I0.3　Q4.1　Q4.0
Q4.0
I0.3　I0.2　Q4.0　Q4.1
Q4.1

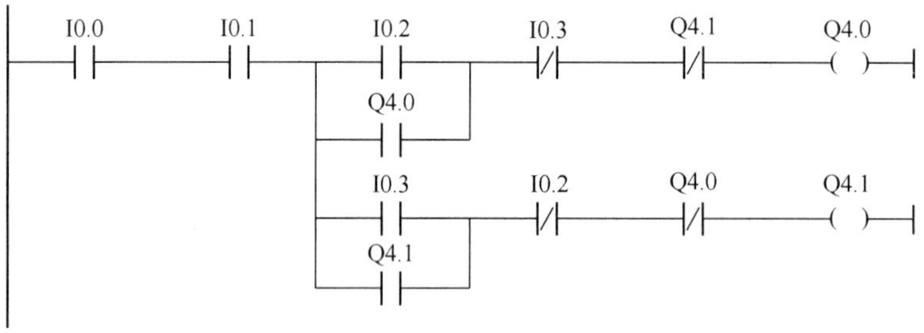

2）实际工程型：

I0.0　I0.1　I0.2　I0.3　I0.5　Q4.0
I0.4
I0.3　I0.2　I0.4　Q4.1
I0.5

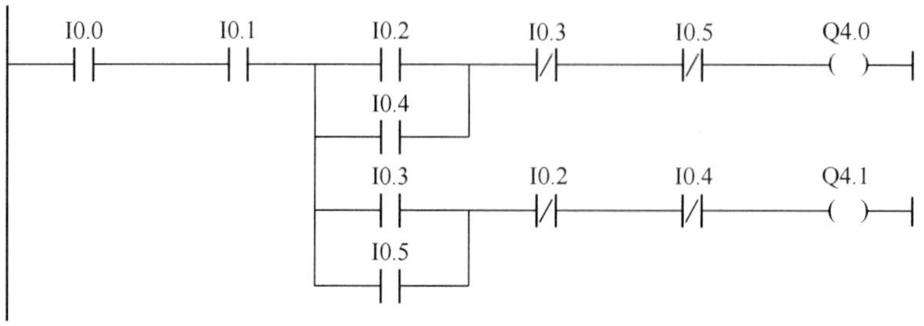

2.5　实验五　三相异步电机带延时正反转控制

2.5.1　实验目的

（1）通过对三相鼠笼式异步电动机延时正反转控制线路的安装接线，掌握由电气原理图接成实际操作电路的方法。

（2）加深对电气控制系统各种保护、自锁、互锁等环节的理解。

2.5.2　实验设备

实验设备见表2-8。

表2-8　实验设备

序　号	名　　称	数　量
1	三相交流电源	1
2	三相鼠笼式异步电动机	1
3	交流接触器	2
4	按　钮	3
5	热继电器	1
6	万用电表	1
7	THSMS-D实验台	1

2.5.3　实验原理与内容

（1）读懂图2-27所示延时正反转控制的继电接触器控制线路原理图。

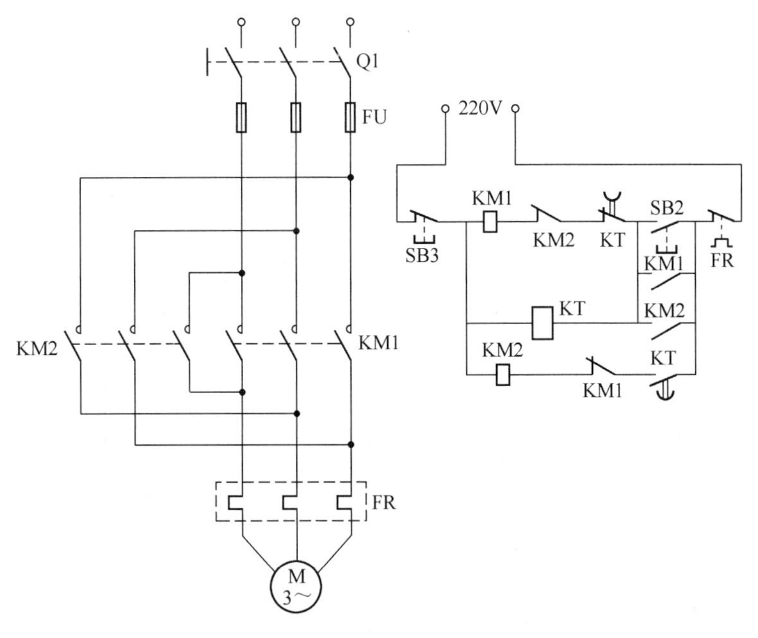

图2-27　延时正反转控制的继电接触器线路原理

（2）对图2-27中的主电路进行安装接线，即从三相交流电源的输出端U、V、W开始，经接触器 KM 的主触头，热继电器 FR 的热元件到电动机 M 的三个线端 A、B、C，用导线按顺序串联起来。接好线路，经指导教师检查无误后，方可进行下面的步骤。

（3）根据图 9-1 中的控制电路进行 PLC 改造：

1）进行 I/O 地址分配。

2）绘制 PLC 硬件接线图，然后进行 PLC 外围硬接线，接好线路，经指导教师检查无误后，方可进行下面的步骤。

3）编制 PLC 对三相异步电动机进行接触器联锁控制的程序，编好以后先在仿真器中进行调试，确认程序正确后，下载到 PLC 对三相异步电动机进行控制。

（4）通电试车操作：

1）开启控制屏电源总开关。

2）按正向启动按钮 SB2，观察并记录电动机的转向和接触器的运行情况。

3）按停止按钮 SB3，观察并记录电动机的转向和接触器的运行情况。

4）调整时间继电器的整定时间，观察接触器 KM1、KM2 的动作时间是否相应地改变。

5）再按 SB2，观察并记录电动机的转向和接触器的运行情况。

6）实验完毕，按控制屏停止按钮，切断三相交流电源。

2.5.4 参考答案

（1）地址分配见表 2-9。

表 2-9 I/O 地址分配

符 号	I/O 地址分配	说 明
FR	I0.0	热继电器（常闭触头）
SB3	I0.1	停车按钮（常闭触头）
SB2	I0.2	正转启动按钮（常开触头）
KM1	I0.4	接触器 KM1 常开辅助触头
KM2	I0.5	接触器 KM2 常开辅助触头
KM1	Q4.0	KM1 接触器线圈
KM2	Q4.1	KM2 接触器线圈

（2）PLC 硬件接线如图 2-28 所示。

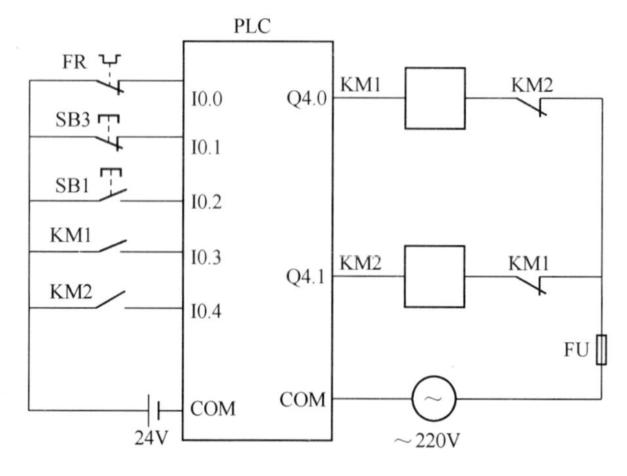

图 2-28 PLC 硬件接线

(3) 控制程序。

1) 实验模拟型：

Network 1 :Title:

I0.0 I0.1 M100.0

Network 2 :Title:

Q4.0 SR I0.2 S Q Q4.1 R M100.0 T1

Network 3 :Title:

Q4.1 RS Q4.0 R Q M100.0 T1 S

Network 4 :Title:

T1 S_ODT Q4.0 S Q S5T#5S TV BI … M100.0 R BCD …

2) 实际工程型：

I0.0 I0.1 I0.2 I0.4 T1 Q4.0 I0.3 T1 (SD) S5T#5S T1 I0.3 Q4.1 I0.4

2.6 实验六　三相异步电动机带限位自动往返控制

2.6.1 实验目的

（1）通过对三相异步电动机带限位自动往返控制线路的实际安装接线，掌握由电气原理图变换成安装接线图的能力。

（2）通过实验进一步理解三相异步电动机带限位自动往返控制的原理。

2.6.2 实验设备

实验设备见表2-10。

表2-10　实验设备

序　号	名　　称	数　量
1	三相交流电源	1
2	三相鼠笼式异步电动机	1
3	交流接触器	2
4	限位开关	2
5	按　钮	3
6	热继电器	1
7	THSMS-D 实验台	1

2.6.3 实验原理与内容

（1）读懂图2-29所示三相异步电动机带限位自动往返继电接触器控制线路原理图。

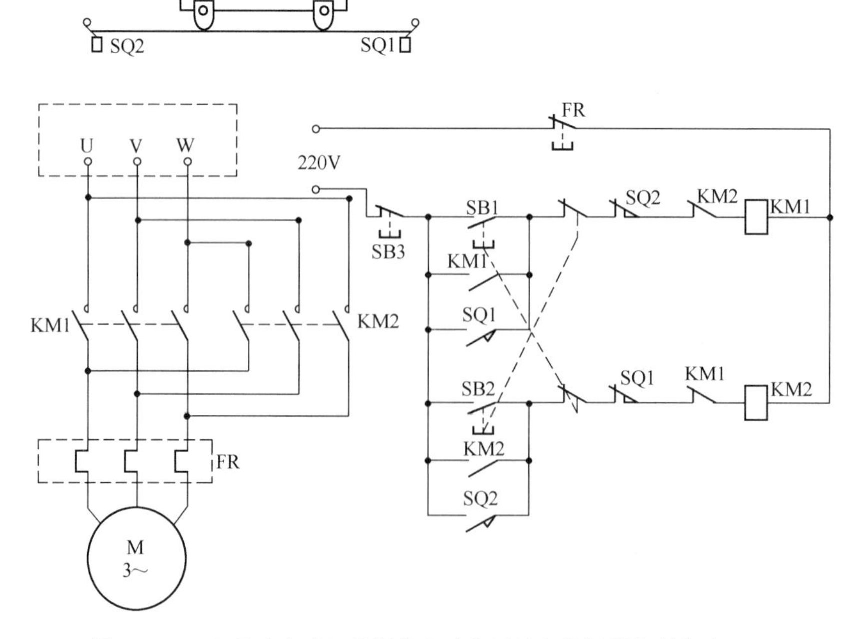

图2-29　三相异步电动机带限位自动往返继电接触器控制线路原理

（2）对图 2-29 中的主电路进行安装接线，即从三相交流电源的输出端 U、V、W 开始，经接触器 KM 的主触头，热继电器 FR 的热元件到电动机 M 的三个线端 A、B、C，用导线按顺序串联起来。接好线路，经指导教师检查无误后，方可进行下面的步骤。

（3）根据图 2-29 中的控制电路进行 PLC 改造：

1）进行 I/O 地址分配。

2）绘制 PLC 硬件接线图，然后进行 PLC 外围硬接线，接好线路，经指导教师检查无误后，方可进行下面的步骤。

3）编制 PLC 对三相异步电动机进行接触器联锁控制的程序，编好以后先在仿真器中进行调试，确认程序正确后，下载到 PLC 对三相异步电动机进行控制。

（4）通电试车操作：

1）开启控制屏电源总开关。

2）按下 SB1，使电动机正转，运转约半分钟。

3）用手按 SQ2（模拟工作台左进到达终点，挡块压下限位开关），观察电动机应停止正向运转，并变为反向运转。

4）反转约半分钟，用手按 SQ1（模拟工作台后退到达原位，挡块压下限位开关），观察电动机应停止反转并变为正转。

5）重复上述步骤，应能正常工作。

2.6.4 参考答案

（1）地址分配见表 2-11。

表 2-11 I/O 地址分配

符 号	I/O 地址分配	说 明
FR	I0.0	热继电器（常闭触头）
SB3	I0.1	停车按钮（常闭触头）
SB2	I0.2	反转启动按钮（常开触头）
SB1	I0.3	正转启动按钮（常开触头）
KM1	I0.4	接触器 KM1 常开辅助触头
KM2	I0.5	接触器 KM2 常开辅助触头
SQ1	I0.6	正向行驶限位开关（常开触头）
SQ2	I0.7	反向行驶限位开关（常开触头）
KM1	Q4.0	KM1 接触器线圈
KM2	Q4.1	KM2 接触器线圈

（2）PLC 硬件接线如图 2-30 所示。

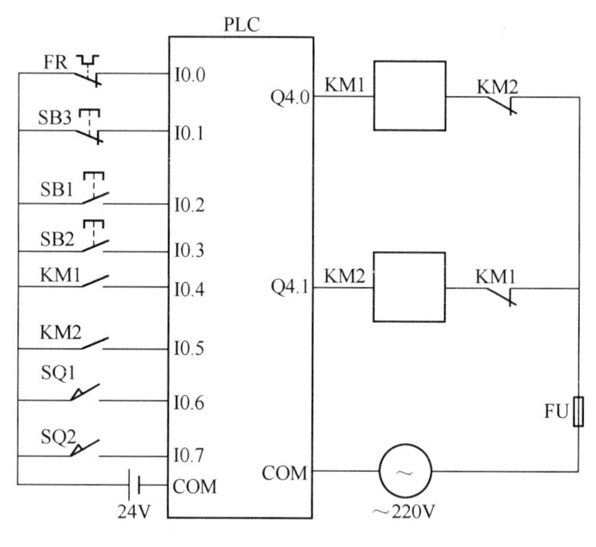

图 2-30　PLC 硬件接线

（3）控制程序。

1）实验模拟型：

I0.0　I0.1　I0.3　Q4.1　I0.6　Q4.0
I0.7
Q4.0
I0.2　Q4.0　I0.7　Q4.1
I0.6
Q4.1

2）实际工程型：

I0.0　I0.1　I0.3　I0.5　I0.6　Q4.0
I0.7
I0.4
I0.2　I0.4　I0.7　Q4.1
I0.6
I0.5

2.7 实验七 三相异步电机Y-△换接启动控制

2.7.1 实验目的

（1）了解时间继电器的使用方法及在控制系统中的应用。
（2）熟悉异步电动机Y-△降压启动控制的运行情况和操作方法。

2.7.2 实验设备

实验设备见表2-12。

表2-12 实验设备

序 号	名 称	数 量
1	三相交流电源	1
2	三相鼠笼式异步电动机	1
3	交流接触器	3
4	按钮	3
5	热继电器	1
6	万用电表	1
7	THSMS-D 实验台	1

2.7.3 实验原理及内容

2.7.3.1 手动控制的Y-△降压启动控制

（1）读懂图2-31所示Y-△降压启动控制的继电接触器控制线路原理图。

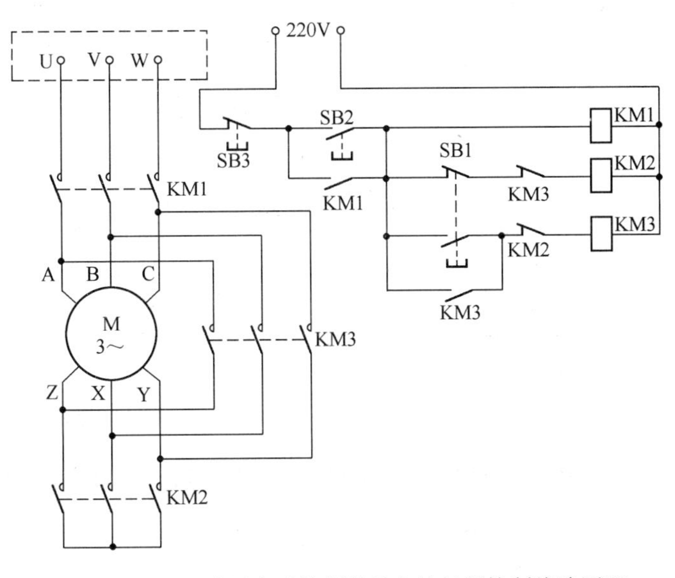

图2-31 Y-△降压启动控制的继电接触器控制线路原理

（2）对图 2-31 所示主电路进行安装接线，即从三相交流电源的输出端 U、V、W 开始，经接触器 KM 的主触头，热继电器 FR 的热元件到电动机 M 的三个线端 A、B、C，用导线按顺序串联起来。接好线路，经指导教师检查无误后，方可进行下面的步骤。

（3）根据图 2-31 所示的控制原理对三相异步电动机的点动控制进行 PLC 改造：

1）进行 I/O 地址分配。

2）绘制 PLC 硬件接线图，然后进行 PLC 外围硬件接线，接好线路，经指导教师检查无误后，方可进行下面的步骤。

3）编制 PLC 对三相异步电动机进行点动控制的程序，编好以后先在仿真器中进行调试，确认程序正确后，下载到 PLC 对三相异步电动机进行控制。

（4）通电试车操作：

1）按控制屏启动按钮，接通三相交流电源。

2）按下按钮 SB2，电动机作Y接法启动，注意观察启动时，电机的转速。

3）待电机转速接近正常转速时，按下按钮 SB2，使电动机为△接法正常运行。

4）按停止按钮 SB3，电动机断电停止运行。

5）实验完毕，按控制屏停止按钮，切断实验线路电源。

2.7.3.2 时间控制Y-△自动降压启动线路

（1）读懂图 2-32 所示时间继电器控制的Y-△降压启动继电接触器控制线路原理图。

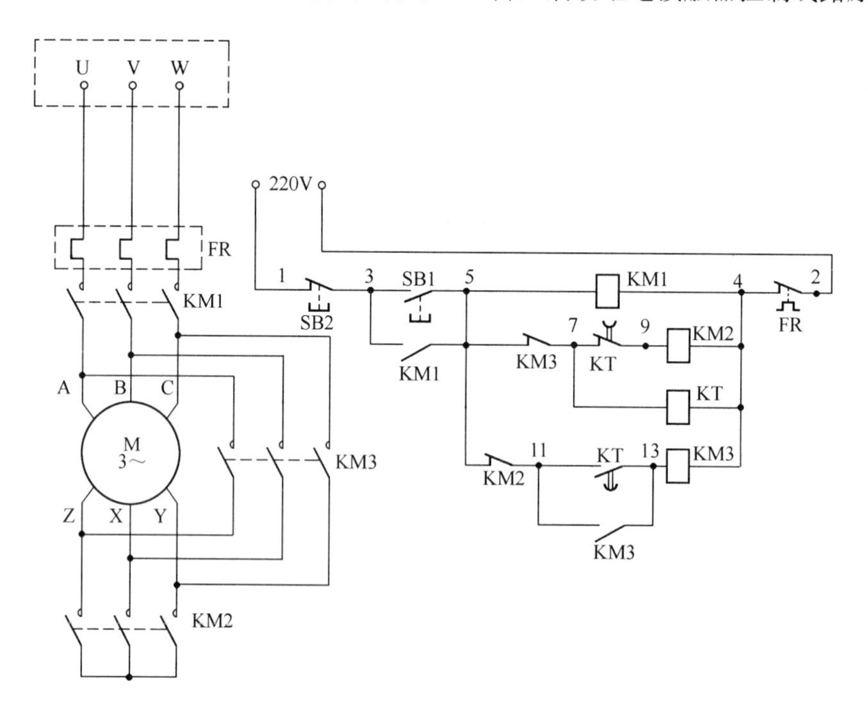

图 2-32　时间继电器控制的Y-△降压启动继电接触器控制线路原理

（2）保持上个试验的主电路不变，根据图 2-32 所示的控制电路的控制原理对三相异步电动机的时间控制Y-△自动降压启动进行 PLC 改造：

1）进行 I/O 地址分配。

2）绘制 PLC 硬件接线图，然后进行 PLC 外围硬接线，接好线路，经指导教师检查无误后，方可进行下面的步骤。

3）编制 PLC 对三相异步电动机时间控制Y-△自动降压启动的程序，编好以后先在仿真器中进行调试，确认程序正确后，下载到 PLC 对三相异步电动机进行控制。

（3）通电试车操作：

1）在不通电的情况下，用万用电表欧姆挡检查线路连接是否正确，特别注意 KM2 与 KM3 两个互锁触头是否正确接入。经指导教师检查后，方可通电。

2）开启控制屏电源总开关，按控制屏启动按钮，接通三相交流电源。

3）按启动按钮 SB1，观察电动机的整个启动过程及各继电器的动作情况，记录Y-△换接所需时间。

4）按停止按钮 SB2，观察电机及各继电器的动作情况。

5）调整时间继电器的整定时间，观察接触器 KM2、KM3 的动作时间是否相应地改变。

6）实验完毕，按控制屏停止按钮，切断实验线路电源。

2.7.4 实验注意事项

（1）注意安全，严禁带电操作。

（2）只有在断电的情况下，方可用万用电表欧姆挡来检查线路的接线正确与否。

2.7.5 思考题

（1）采用Y-△降压启动对鼠笼电动机有何要求？

（2）时间控制的降压启动控制线路与手动控制的降压启动控制线路相比较，有哪些优点？

2.7.6 参考答案

2.7.6.1 手动控制的Y-△降压启动控制

（1）地址分配见表 2-13。

表 2-13 I/O 地址分配

符 号	I/O 地址分配	说 明
FR	I0.0	热继电器（常闭触头）
SB3	I0.1	停车按钮（常闭触头）
SB2	I0.2	启动按钮（常开触头）
SB1	I0.3	Y/△切换按钮（常开触头）
KM3	I0.4	接触器 KM3 常开辅助触头
KM2	I0.5	接触器 KM2 常开辅助触头
KM2	I0.6	接触器 KM1 常开辅助触头
KM1	Q4.0	KM1 接触器线圈
KM2	Q4.1	KM2 接触器线圈
KM3	Q4.2	KM3 接触器线圈

（2）PLC 硬件接线如图 2-33 所示。

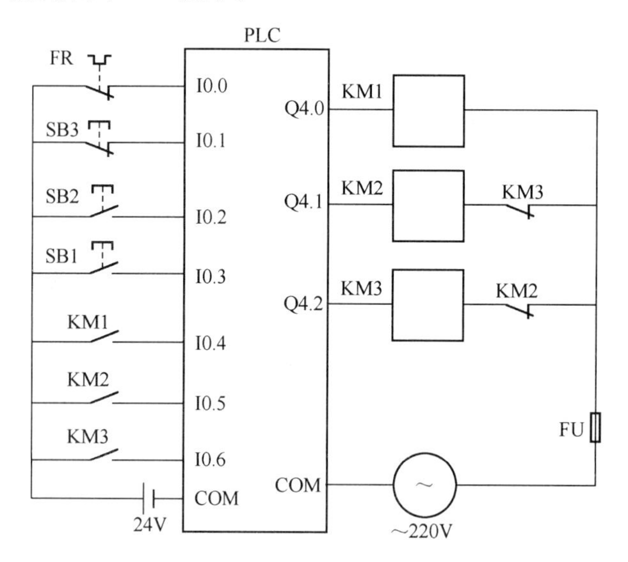

图 2-33　PLC 硬件接线

（3）控制程序。

1）实验模拟型：

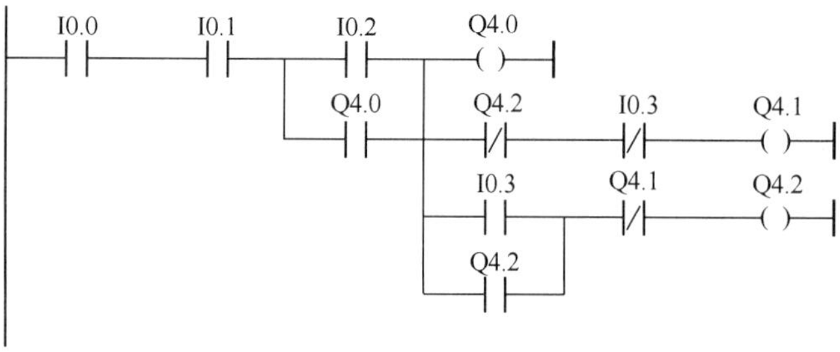

2）实际工程型：

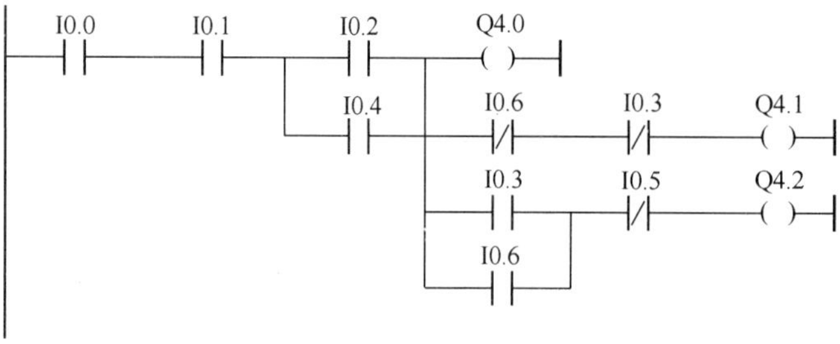

2.7.6.2　时间控制Y-△自动降压启动线路

（1）地址分配：与手动控制的Y-△降压启动控制相同。

（2）PLC 硬件接线图：可以使用与手动控制的Y-△降压启动控制相同的硬接线图，也可重新设计。

（3）控制程序。

1）实验模拟型：

```
I0.0  I0.1  I0.2        Q4.0
-| |---| |---+-| |---+---( )
             | Q4.0  |   T1
             +-| |---+---(SD)
                     |   S5T#5S
                     |   T1     Q4.2     Q4.1
                     +---|/|----|/|------( )
                     |   T1     Q4.1     Q4.2
                     +---| |----|/|------( )
```

2）实际工程型：

```
I0.0  I0.1  I0.2        Q4.0
-| |---| |---+-| |---+---( )
             | I0.4  |   T1
             +-| |---+---(SD)
                     |   S5T#5S
                     |   T1     I0.6     Q4.1
                     +---|/|----|/|------( )
                     |   T1     I0.5     Q4.2
                     +---| |----|/|------( )
```

2.8 实验八 装配流水线控制的模拟

2.8.1 实验目的

（1）掌握定时器指令和比较指令的应用。

（2）锻炼 PLC 的程序编写和调试能力。

2.8.2 实验设备

本实验在“SM22 S7-300 模拟实验挂箱”中完成，该实验挂箱“装配流水线模拟控制”面板图如图 3-34 所示。

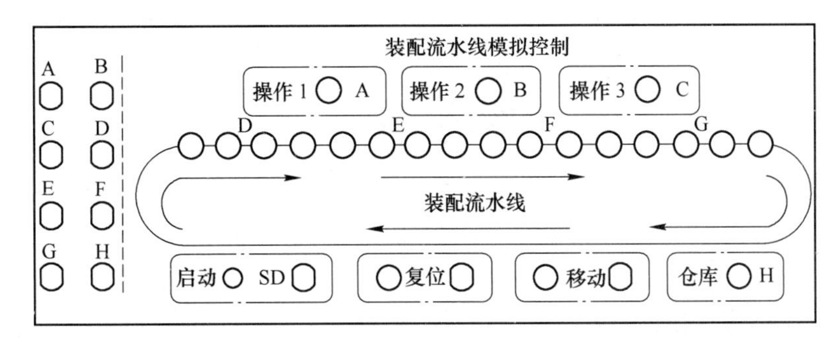

图 2-34 “装配流水线模拟控制”面板图（SM22 S7-300 模拟实验挂箱）

图中左框中的 A ~ H 表示动作输出（用 LED 发光二极管模拟），右侧框中的 A ~ G 表示各个不同的操作工位。

2.8.3　控制要求

传送带共有十六个工位，打开启动及移位按钮，流水线开始运转，工件从 1 号位装入，沿 D→E→F→G→H 方向移动，当移动至装配工位 A（操作 1）、B（操作 2）、C（操作 3）时，分别停留不同（或相同）时间，对应装配工位的指示灯亮（A、B、C），以完成三种装配操作，到达最后一个工位后送入仓库（H 灯亮）；其他工位均用于传送工件；一个工件入库后，再从一号位装入工件，不断循环，按下复位按钮后，流水线停止。

2.8.4　实验内容

（1）根据控制要求，分配 I/O 地址。

（2）练习 PLC 的 I/O 与 SM22 S7-300 模拟实验挂箱面板的接线，接好线路后，经指导教师检查无误，方可进行下面的步骤。

（3）编制 LAD 控制程序，编好以后先在仿真器中进行调试，确认程序正确后，下载到 PLC 进行模拟控制。

（4）修改控制程序，使之满足生产实际的控制要求。

2.8.5　参考答案

（1）I/O 地址分配见表 2-14。

表 2-14　I/O 地址分配

面板按钮或指示	I/O 地址 [ ] 面板按钮或指示	I/O 地址	
启动	I0. 0 [ ] D [ ] Q0. 3		
复位	I0. 2 [ ] E [ ] Q0. 4		
移位	I0. 1 [ ] F [ ] Q0. 5		
A	Q0. 0 [ ] G [ ] Q0. 6		
B	Q0. 1 [ ] H [ ] Q0. 7		
C [ ] Q0. 2			

（2）参考程序：

Network1:Title:

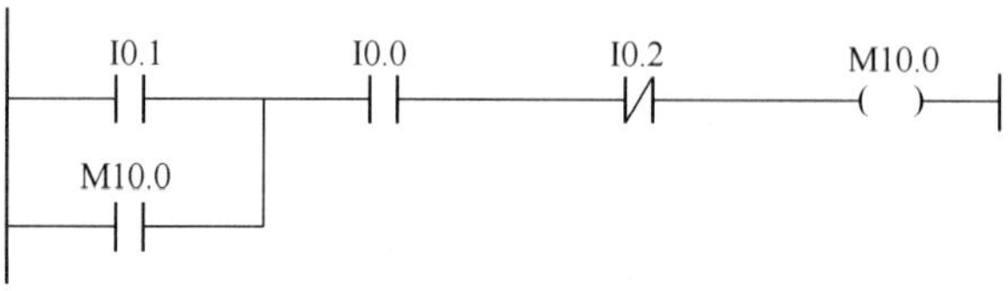

I0.1　I0.0　I0.2　M10.0

M10.0

Network2:Title:

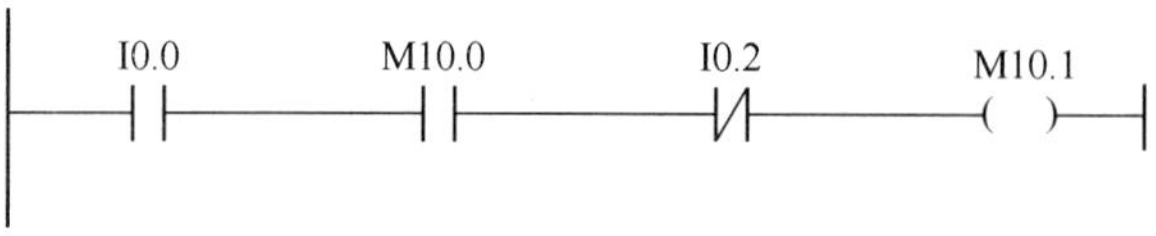

I0.0　M10.0　I0.2　M10.1

Network3:Title:

M10.1 T1 T0 S_ODT S Q
S5T#1S TV BI …
I0.2 R BCD …
I0.0
I0.2
M3.6
I0.0
C0 S_CU CU Q
… S CV MW100
CV_BCD
… PV …
R

Network4:Title:

T0 T1 S_ODT S Q
S5T#50MS TV BI …
… R BCD …

Network 5: Title:

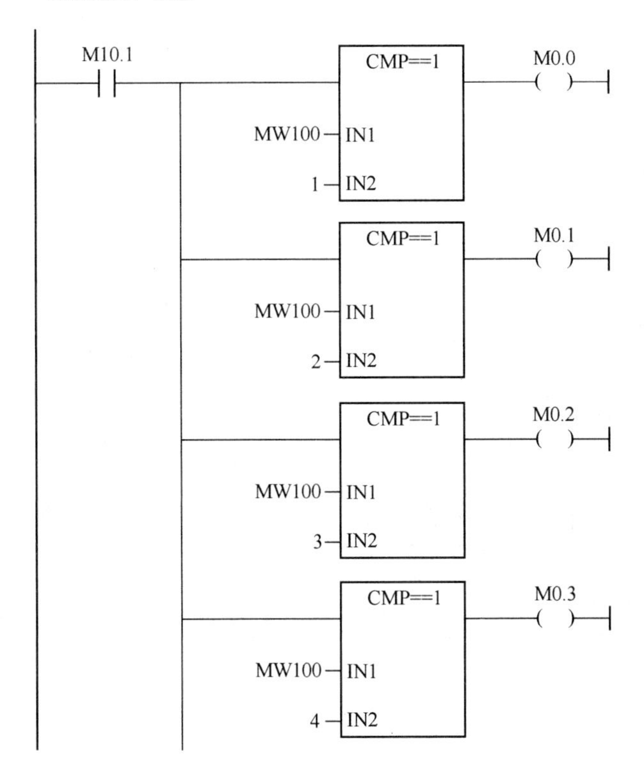

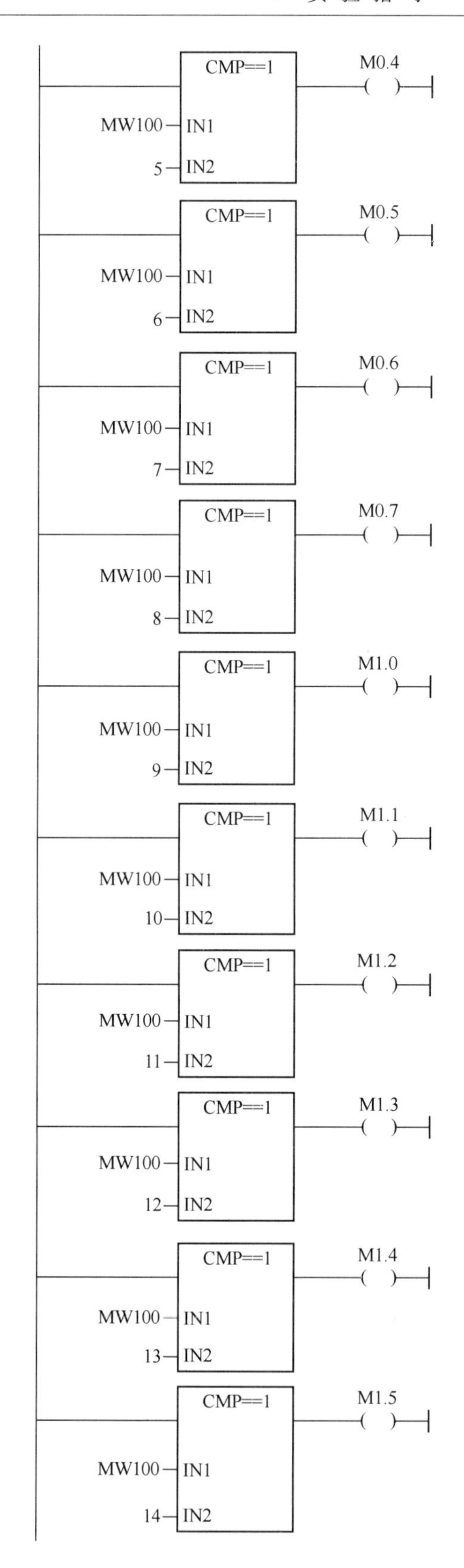
CMP==1
M0.4
MW100
IN1
5
IN2
CMP==1
M0.5
MW100
IN1
6
IN2
CMP==1
M0.6
MW100
IN1
7
IN2
CMP==1
M0.7
MW100
IN1
8
IN2
CMP==1
M1.0
MW100
IN1
9
IN2
CMP==1
M1.1
MW100
IN1
10
IN2
CMP==1
M1.2
MW100
IN1
11
IN2
CMP==1
M1.3
MW100
IN1
12
IN2
CMP==1
M1.4
MW100
IN1
13
IN2
CMP==1
M1.5
MW100
IN1
14
IN2

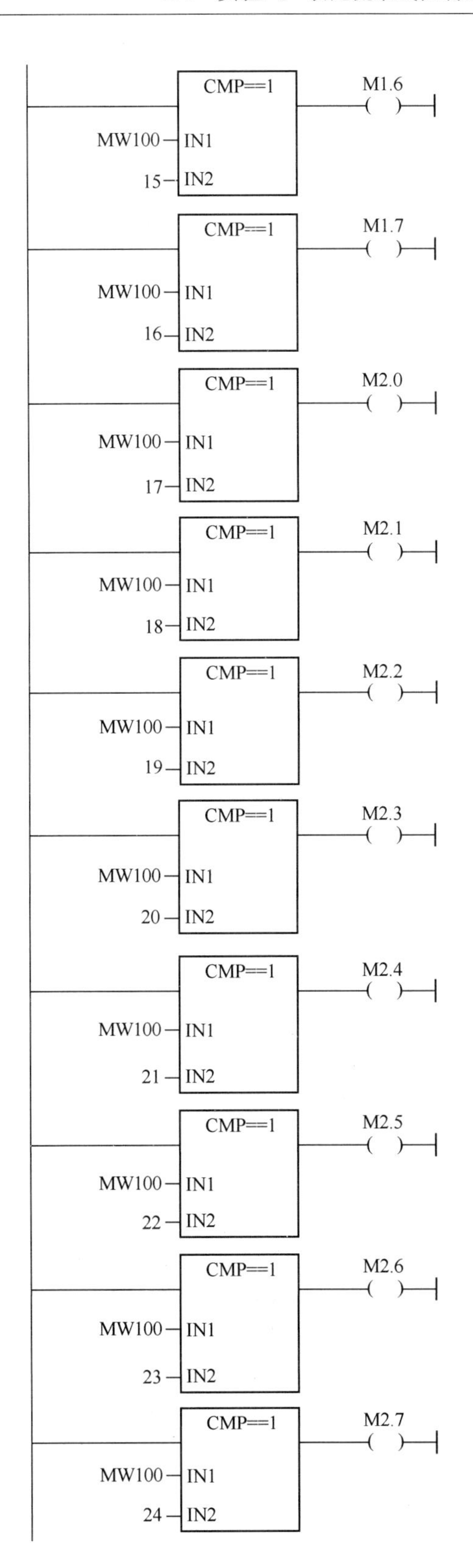
CMP==1
M1.6
MW100
IN1
15
IN2
CMP==1
M1.7
MW100
IN1
16
IN2
CMP==1
M2.0
MW100
IN1
17
IN2
CMP==1
M2.1
MW100
IN1
18
IN2
CMP==1
M2.2
MW100
IN1
19
IN2
CMP==1
M2.3
MW100
IN1
20
IN2
CMP==1
M2.4
MW100
IN1
21
IN2
CMP==1
M2.5
MW100
IN1
22
IN2
CMP==1
M2.6
MW100
IN1
23
IN2
CMP==1
M2.7
MW100
IN1
24
IN2

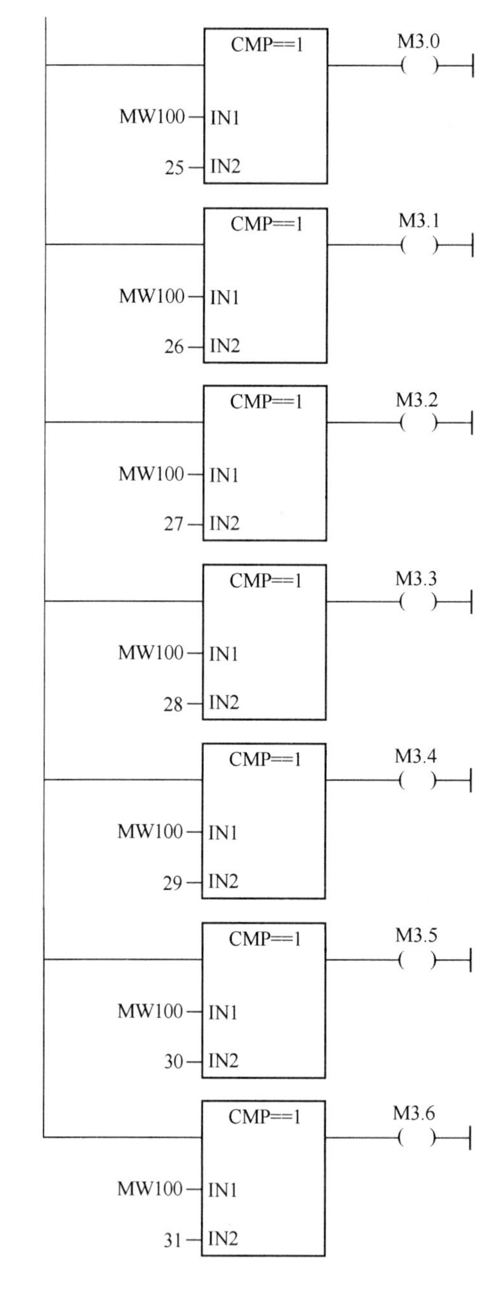

Network 6：Title：

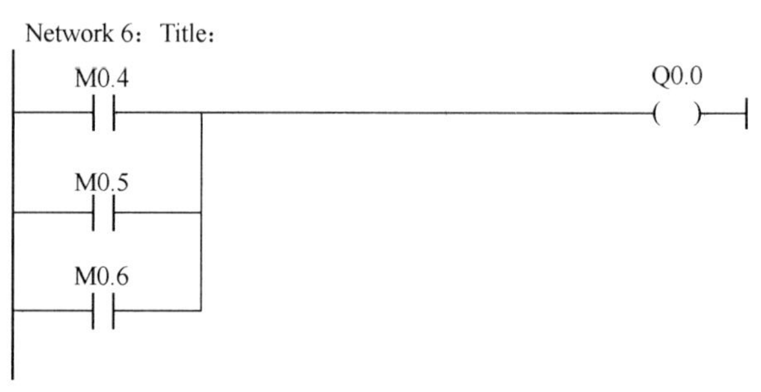

Network 7：Title：

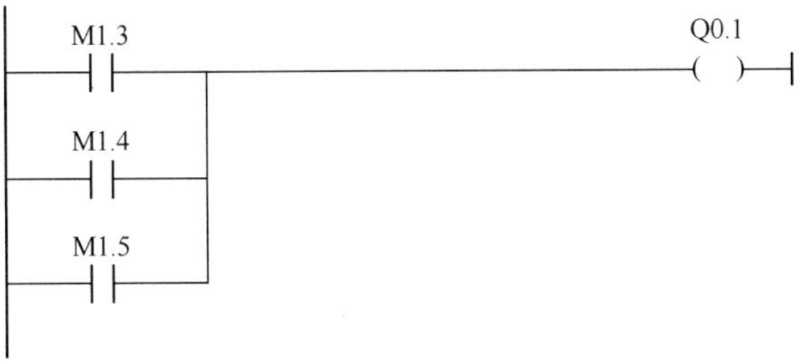

M1.3 Q0.1
M1.4
M1.5

Network 8：Title：

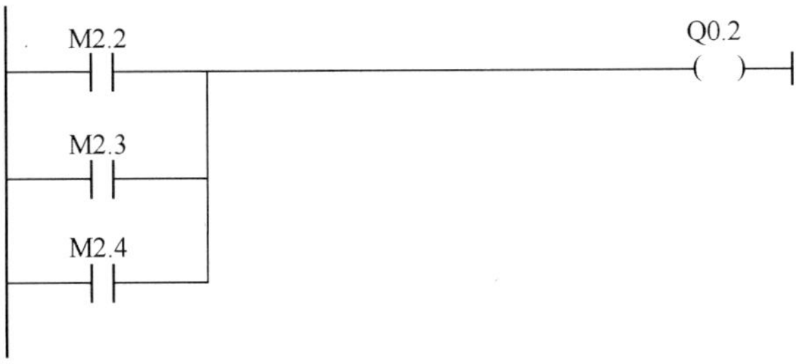

M2.2 Q0.2
M2.3
M2.4

Network 9：Title：

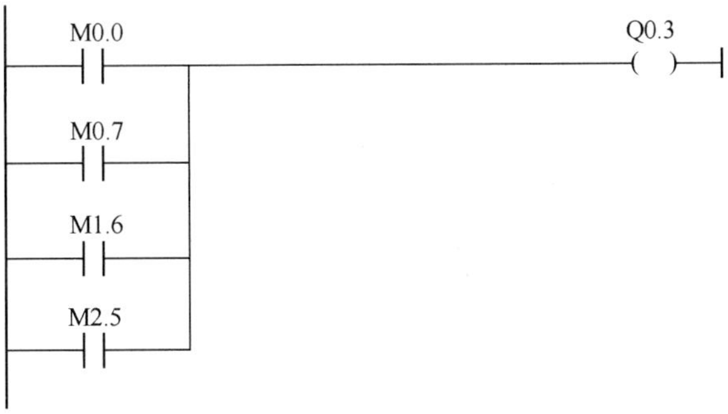

M0.0 Q0.3
M0.7
M1.6
M2.5

Network 10：Title：

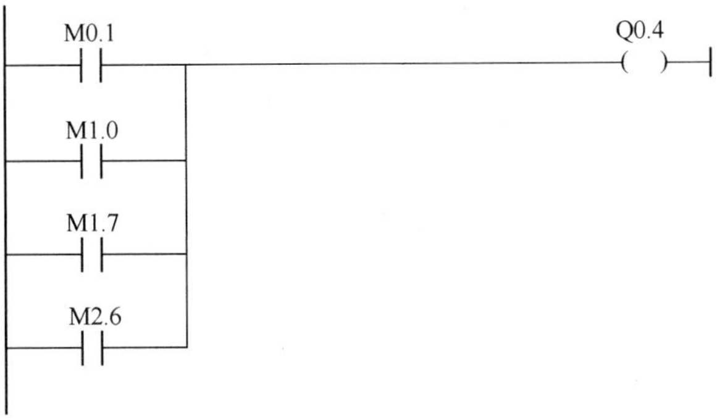

M0.1 Q0.4
M1.0
M1.7
M2.6

Network 11：Title：

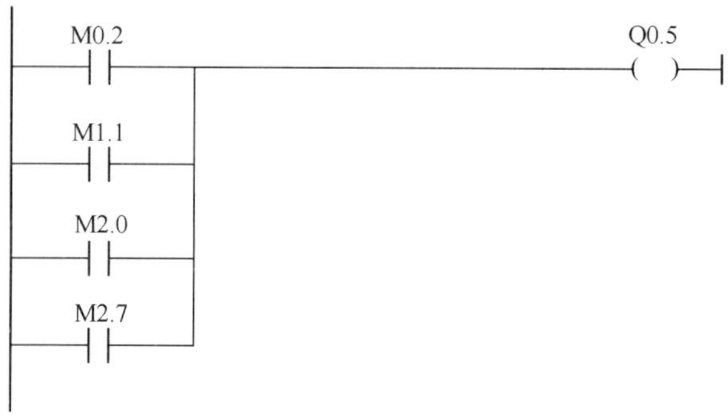

M0.2　Q0.5
M1.1
M2.0
M2.7

Network 12：Title：

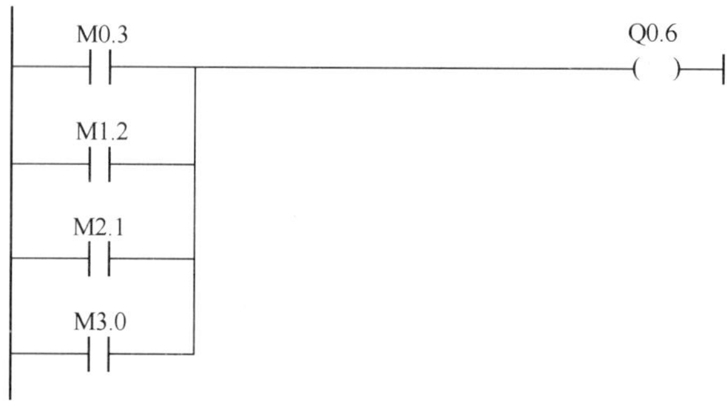

M0.3　Q0.6
M1.2
M2.1
M3.0

Network 13：Title：

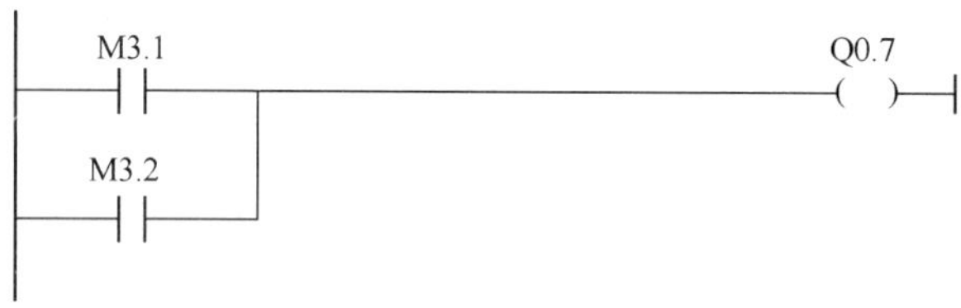

M3.1　Q0.7
M3.2

2.9 实验九　五相步进电动机控制的模拟

2.9.1 实验目的

了解并掌握定时器、计数器指令以及比较指令在控制系统中的应用及其编程方法。

2.9.2 实验设备

本实验在“SM25 S7-300 模拟实验挂箱”中完成，该实验挂箱“五相步进电机模拟控制”面板图如图 2-35 所示。

图 2-35 中灯光的亮与灭用以模拟五相步进电机五个绕组的导电状态。

2.9.3 控制要求

按下启动按钮 SD，五相步进电动机五个绕组依次自动实现如下方式的循环通电控制：
第一步，A→B→C→D→E；

第二步，A→AB→BC→CD→DE→EA；

第三步，AB→ABC→BC→BCD→CD→CDE→DE→DEA；

第四步，EA→ABC→BCD→CDE→DEA。

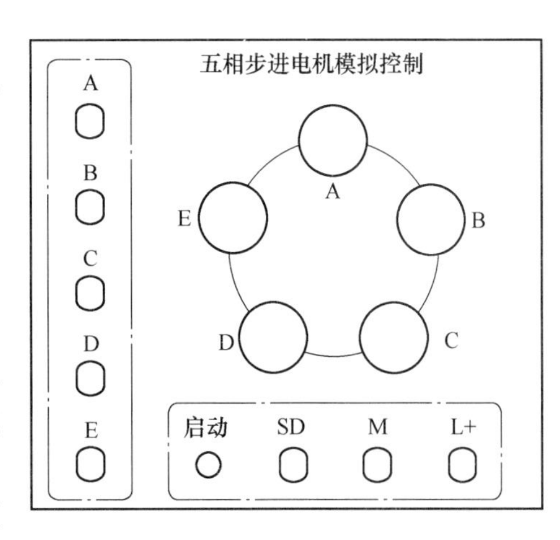

图 2-35　“五相步进电机模拟控制”面板图（SM25 S7-300 模拟实验挂箱）

2.9.4　实验内容

（1）根据控制要求，分配 I/O 地址。

（2）练习 PLC 的 I/O 与 SM25 S7-300 模拟实验挂箱面板的接线，接好线路后，经指导教师检查无误，方可进行下面的步骤。

（3）编制 LAD 控制程序，编好以后先在仿真器中进行调试，确认程序正确后，下载到 PLC 进行模拟控制。

（4）修改控制程序，使之满足生产实际的控制要求。

2.9.5　参考答案

（1）I/O 地址分配见表 2-15。

表 2-15　I/O 地址分配

面板按钮或指示	SD	A	B	C	D	E
I/O 地址	I0.0	Q0.1	Q0.2	Q0.3	Q0.4	Q0.5

（2）参考程序：

Network 1:Title:

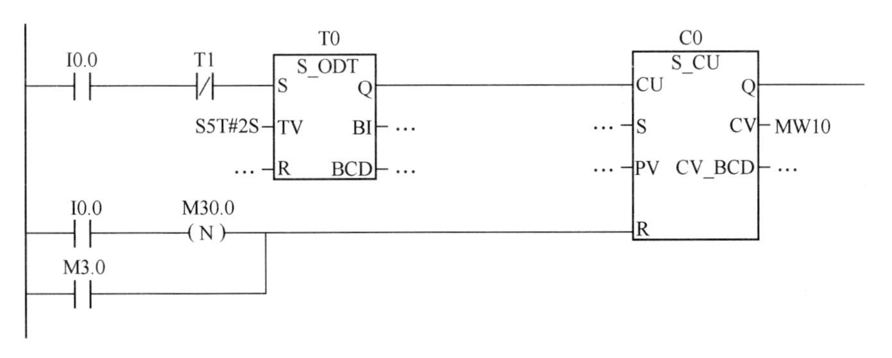

Network 2:Title:

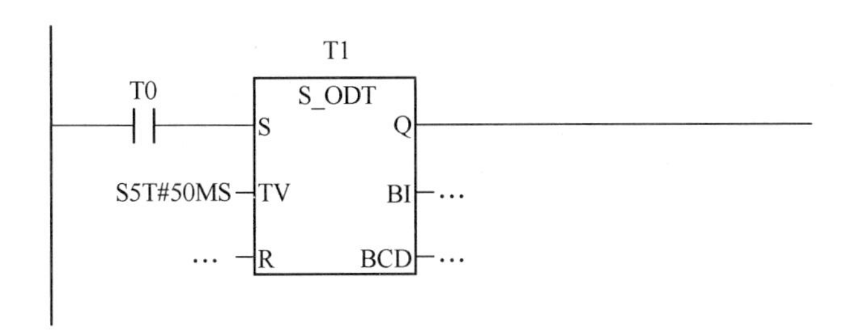

Network 3:Title:

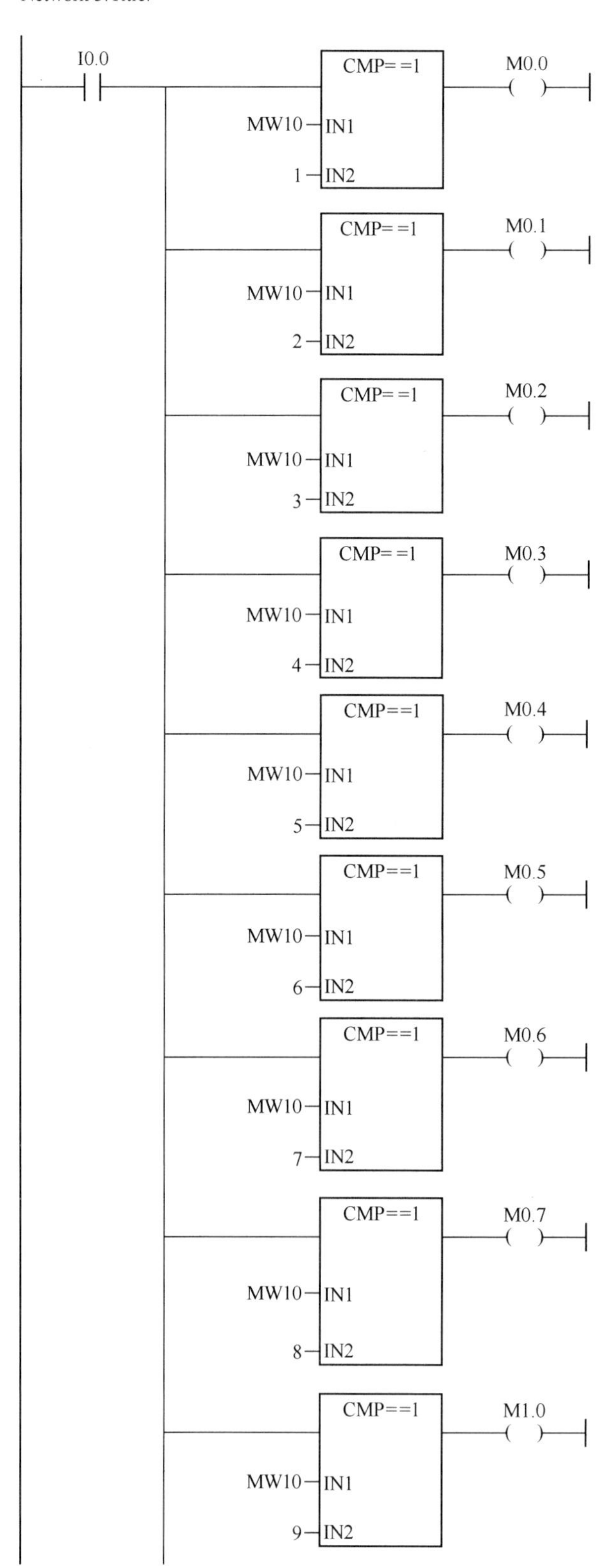

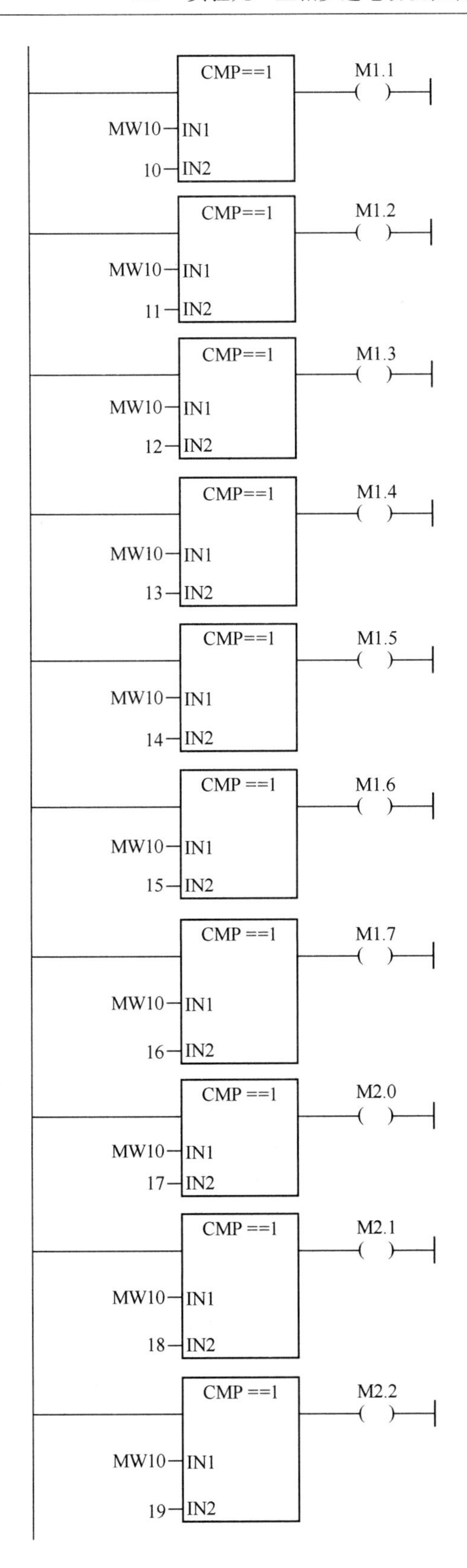
CMP==1
M1.1
MW10
IN1
10
IN2
CMP==1
M1.2
MW10
IN1
11
IN2
CMP==1
M1.3
MW10
IN1
12
IN2
CMP==1
M1.4
MW10
IN1
13
IN2
CMP==1
M1.5
MW10
IN1
14
IN2
CMP ==1
M1.6
MW10
IN1
15
IN2
CMP ==1
M1.7
MW10
IN1
16
IN2
CMP ==1
M2.0
MW10
IN1
17
IN2
CMP ==1
M2.1
MW10
IN1
18
IN2
CMP ==1
M2.2
MW10
IN1
19
IN2

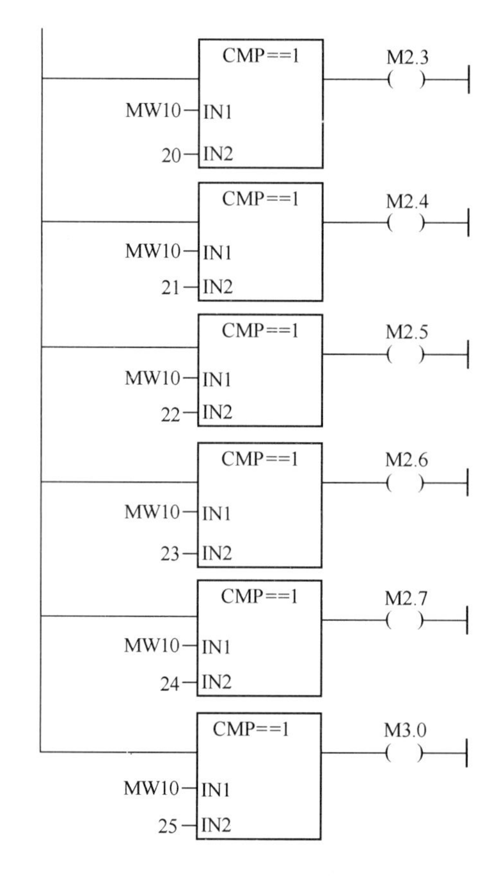

Network 4:Title:

M0.0
Q0.1
M0.5
M0.6
M1.2
M1.3
M1.4
M2.2
M2.3
M2.4
M2.7

Network 5:Title:

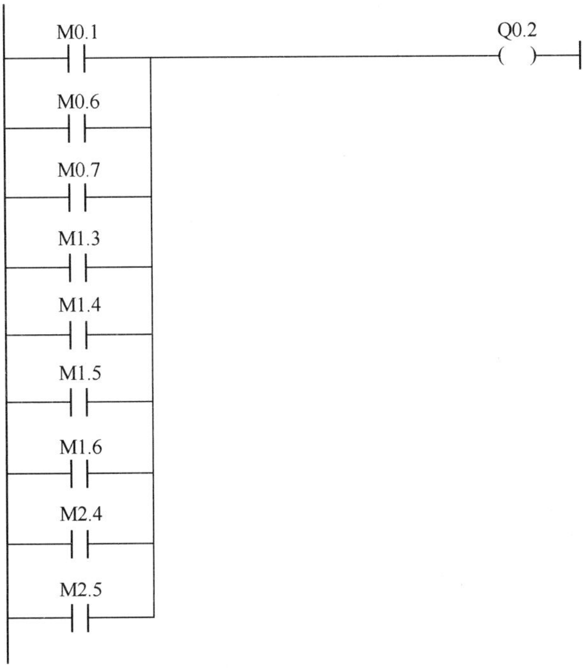

M0.1
Q0.2
M0.6
M0.7
M1.3
M1.4
M1.5
M1.6
M2.4
M2.5

Network 6:Title:

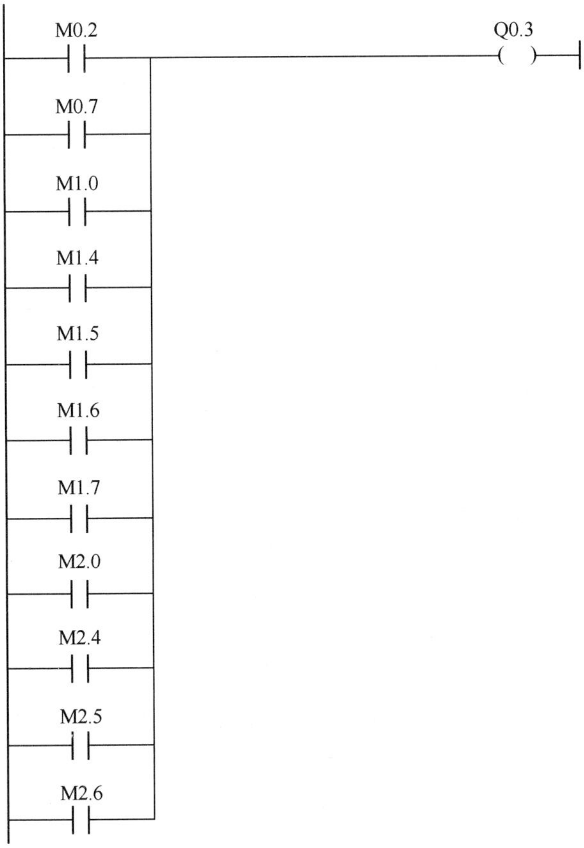

M0.2
Q0.3
M0.7
M1.0
M1.4
M1.5
M1.6
M1.7
M2.0
M2.4
M2.5
M2.6

Network 7:Title:

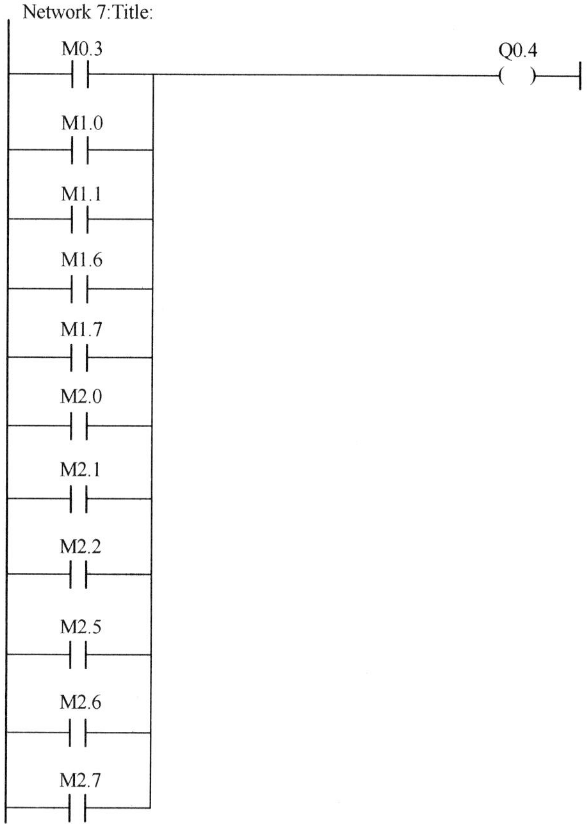

M0.3 Q0.4
M1.0
M1.1
M1.6
M1.7
M2.0
M2.1
M2.2
M2.5
M2.6
M2.7

Network 8:Title:

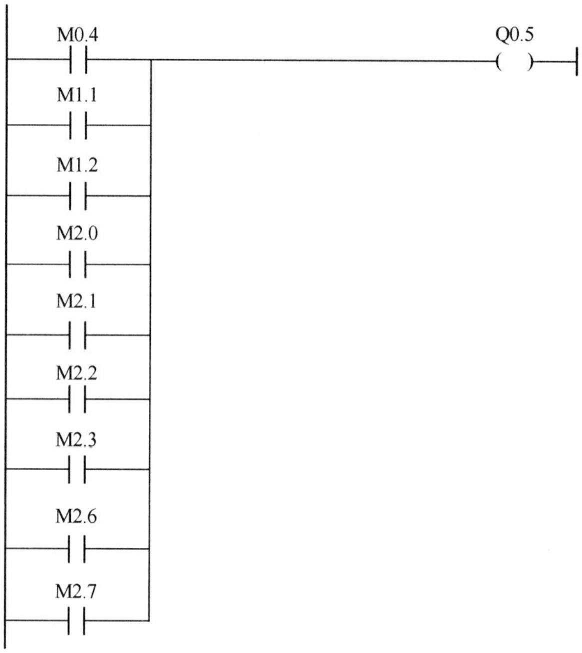

M0.4 Q0.5
M1.1
M1.2
M2.0
M2.1
M2.2
M2.3
M2.6
M2.7

2.10 实验十 天塔之光

2.10.1 实验目的

（1）掌握用 PLC 实现闪光灯控制系统的基本方法。

（2）进一步提高编程能力和程序调试能力。

2.10.2 实验设备

本实验在“SM23 S7-300 模拟实验挂件”中完成，该实验挂箱“天塔之光”面板图如图 2-36 所示。

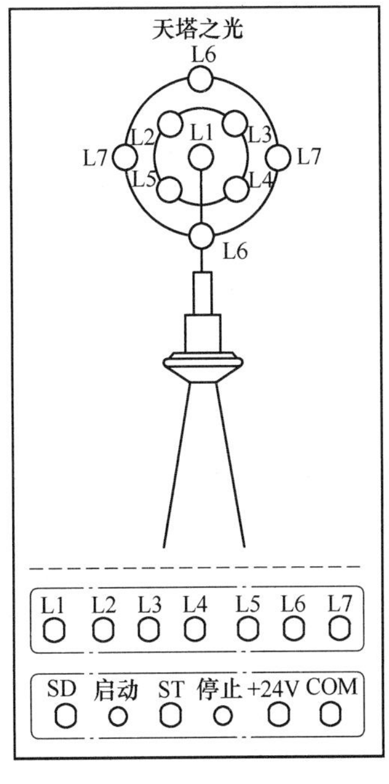

图 2-36 “天塔之光”面板图（SM23 S7-300 模拟实验挂箱）

2.10.3 控制要求

合上启动按钮 SD 后，塔上 LED 按以下规律显示：L1→L1、L2→L1、L3→L1、L4→L1、L5→L1、L2、L4→L1、L3、L5→L1→L2、L3、L4、L5→L6、L7→L1、L6→L1、L7→L1→L1、L2、L3、L4、L5→L1、L2、L3、L4、L5、L6、L7→L1、L2、L3、L4、L5、L6、L7→L1……如此循环，周而复始；合上停止按钮 ST，所有 LED 熄灭。

2.10.4 实验内容

（1）根据控制要求，分配 I/O 地址。

（2）练习 PLC 的 I/O 与 SM23 S7-300 模拟实验挂箱面板的接线，接好线路后，经指导教师检查无误，方可进行下面的步骤。

（3）编制 LAD 控制程序，编好以后先在仿真器中进行调试，确认程序正确后，下载到 PLC 进行模拟控制。

（4）修改控制程序，使之满足生产实际的控制要求。

2.10.5 参考答案

（1）I/O 地址分配见表 2-16。

表 2-16 I/O 地址分配

输 入 [ ] 输 出								
SD L1	[ ] L2ST[ ] L3	[ ] L4 [ ]	L5 [ ] L6 [ ]	L7				
I0.0 [ ] I0.1 [ ]	Q0.1Q0.2	Q0.3	Q0.4	Q0.5	Q0.6	Q0.7		

（2）参考程序：

Network 1:Title:

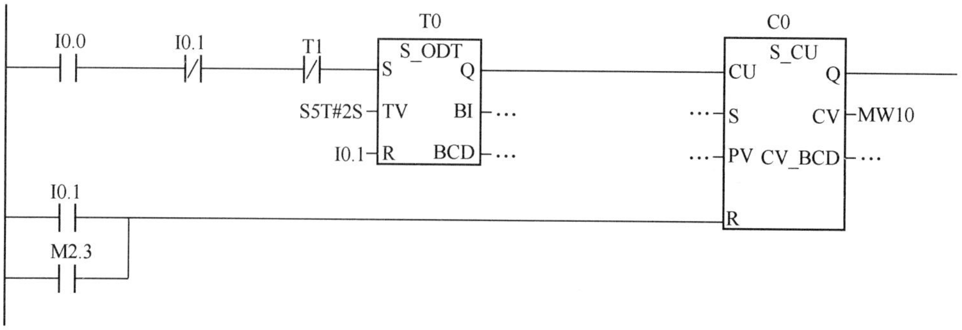

I0.0 I0.1 T1 T0 S_ODT S Q S5T#2S TV BI I0.1 R BCD C0 S_CU CU Q S CV MW10 PV CV_BCD R I0.1 M2.3

Network 2:Title:

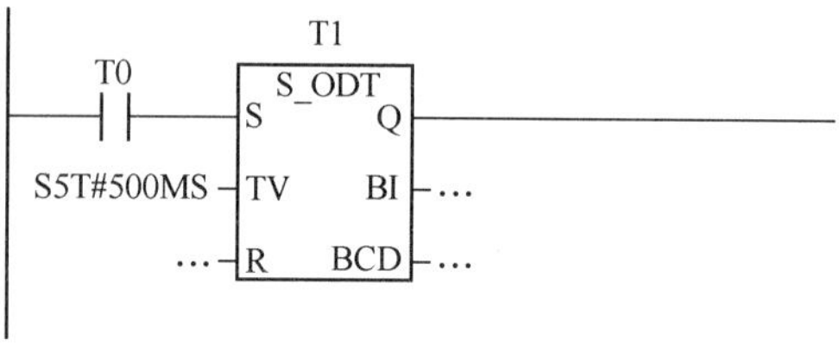

T0 T1 S_ODT S Q S5T#500MS TV BI R BCD

Network3:Title:

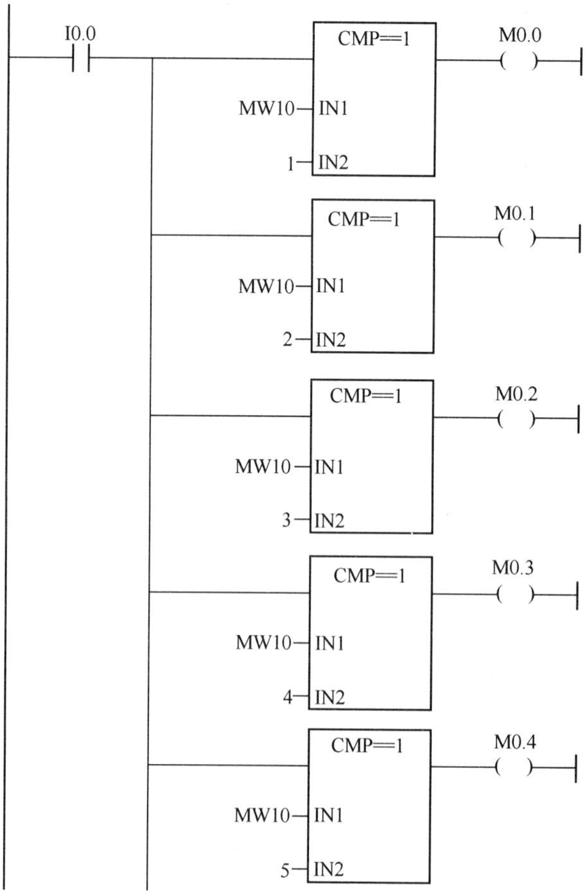

I0.0 CMP==I MW10 IN1 1 IN2 M0.0 CMP==I MW10 IN1 2 IN2 M0.1 CMP==I MW10 IN1 3 IN2 M0.2 CMP==I MW10 IN1 4 IN2 M0.3 CMP==I MW10 IN1 5 IN2 M0.4

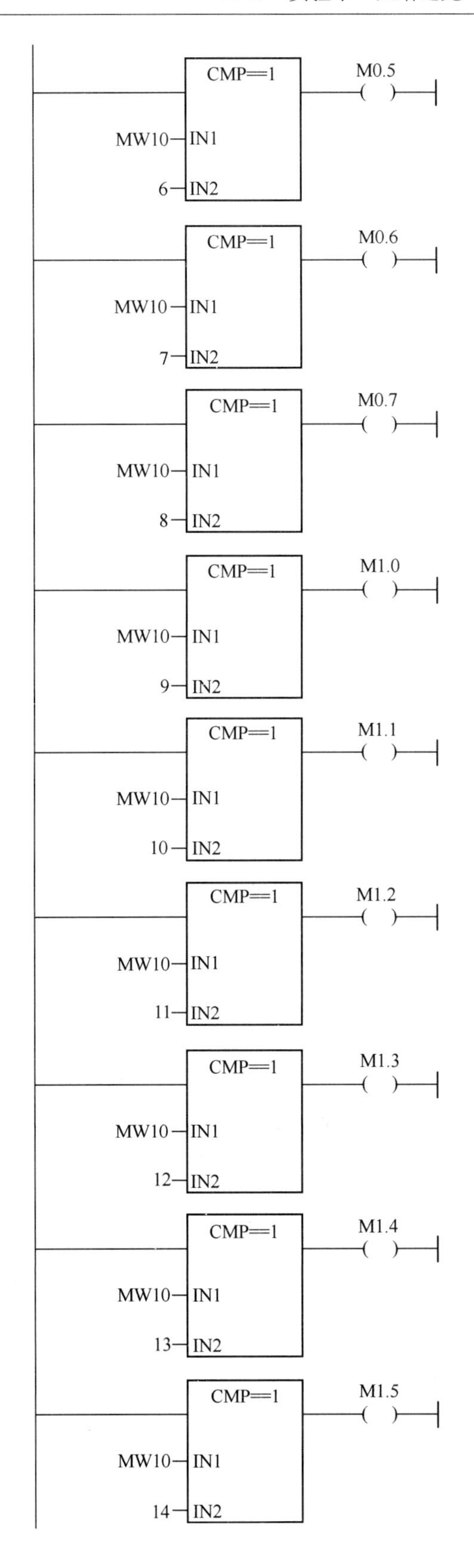
CMP==I
M0.5
MW10 IN1
6 IN2
CMP==I
M0.6
MW10 IN1
7 IN2
CMP==I
M0.7
MW10 IN1
8 IN2
CMP==I
M1.0
MW10 IN1
9 IN2
CMP==I
M1.1
MW10 IN1
10 IN2
CMP==I
M1.2
MW10 IN1
11 IN2
CMP==I
M1.3
MW10 IN1
12 IN2
CMP==I
M1.4
MW10 IN1
13 IN2
CMP==I
M1.5
MW10 IN1
14 IN2

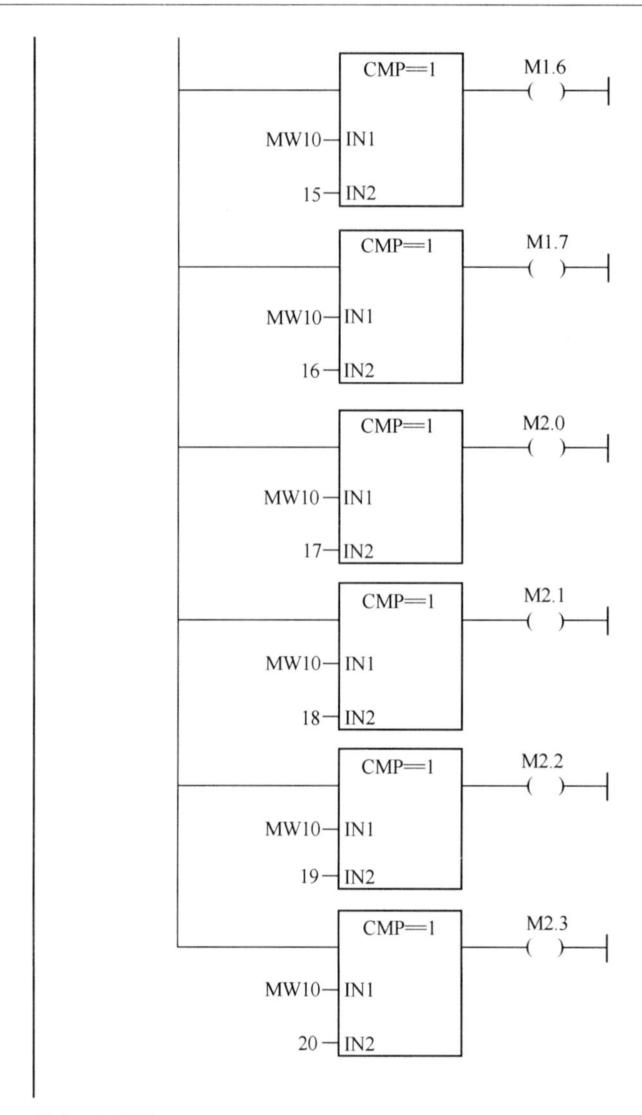

Network 4:Title:

M0.0
Q0.1
M0.1
M0.2
M0.3
M0.4
M0.5

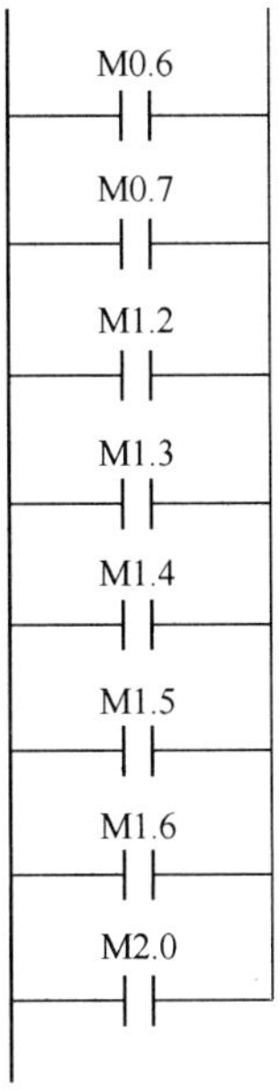

M0.6
M0.7
M1.2
M1.3
M1.4
M1.5
M1.6
M2.0

Network 5:Title:

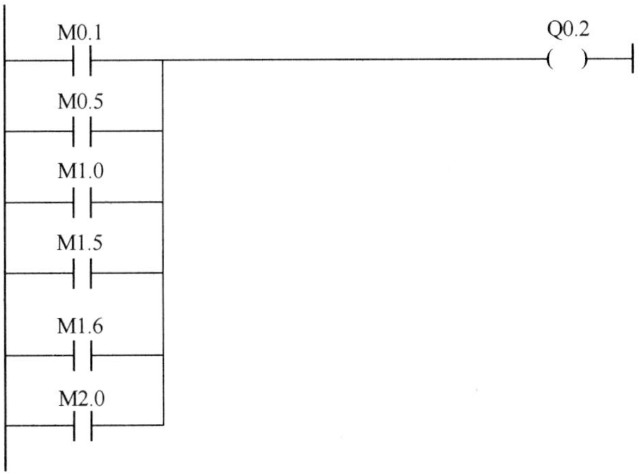

M0.1 Q0.2
M0.5
M1.0
M1.5
M1.6
M2.0

Network 6:Title:

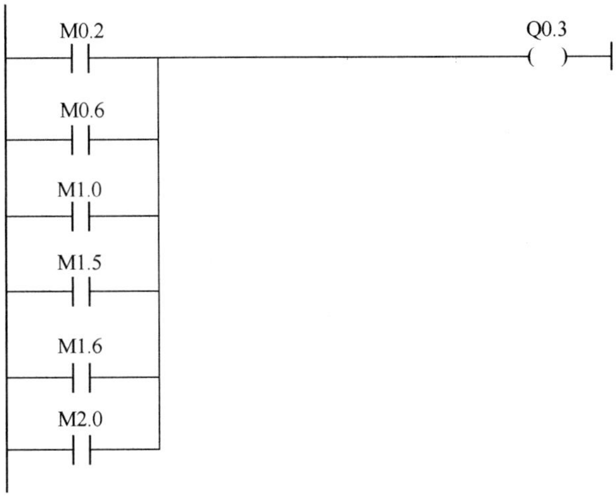

M0.2 Q0.3
M0.6
M1.0
M1.5
M1.6
M2.0

Network 7:Title:

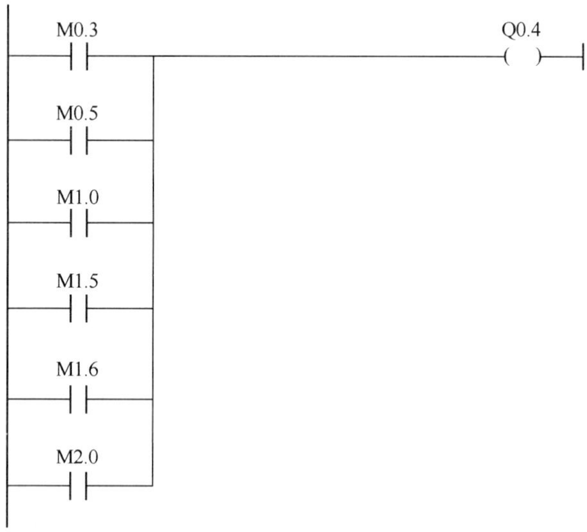

M0.3
M0.5
M1.0
M1.5
M1.6
M2.0
Q0.4

Network 8:Title:

M0.4
M0.6
M1.0
M1.5
M1.6
M2.0
Q0.5

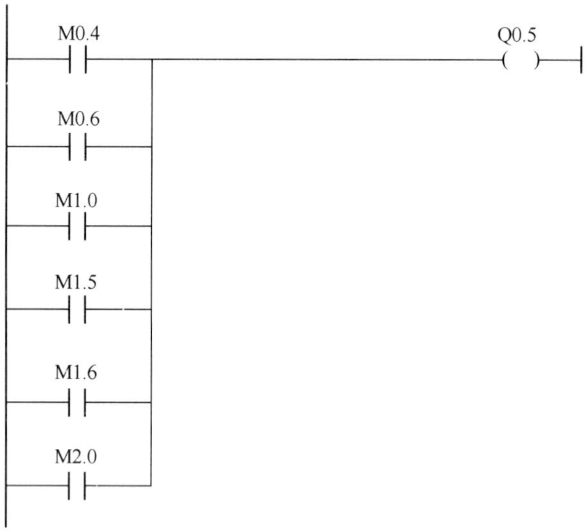

Network 9 :Title:

M1.1
M1.2
M1.6
M2.0
Q0.6

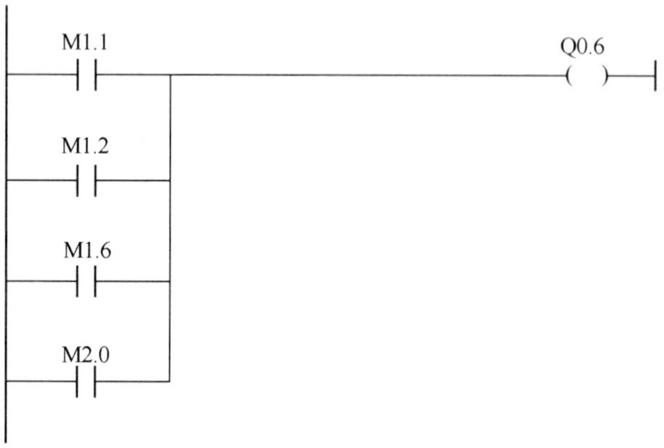

Network 10:Title:

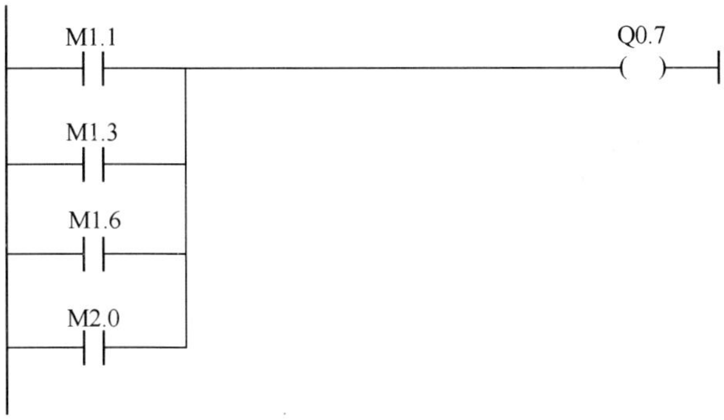

M1.1
M1.3
M1.6
M2.0
Q0.7

3 实训指导

3.1 课题一 三相异步电动机的基本控制（一）

3.1.1 实训目的

（1）复习三相异步电动机的基本继电接触器电路及其工作原理，学会运用 PLC 对三相异步电动机的基本继电接触器电路进行控制。

（2）熟悉 STEP7 软件的基本使用方法。

（3）进一步巩固对常规指令的正确理解和使用。

（4）根据实验设备，熟练掌握 PLC 的外围 I/O 设备接线方法。

（5）复习三相鼠笼式异步电动机双重连锁正反转控制及其相关电路，加深对继电接触器控制系统各种保护、自锁、互锁等环节的理解。

（6）能根据“系统工艺及控制要求”和“设计要求”进行程序设计和程序调试，养成良好的设计习惯，培养基本的设计能力，学会逐步优化程序算法和积累编程技巧。

3.1.2 实训设备及元器件

本实训在“S21 S7-300 模拟实验挂箱”中完成，该实验挂件面板上安装有按钮、开关和 LED 指示灯，用以模拟 PLC 数字量（开关量的）控制程序的实验模拟。

说明：在以后的实训课题中，如果该课题对应的挂件外围 I/O 点不够用，都要使用“S21 S7-300 模拟实验挂箱”的外围 I/O 点进行扩展。

3.1.3 三相电动机的基本控制电路原理及控制要求

3.1.3.1 三相异步电动机正反转双重连锁控制

A 三相异步电动机正反转双重连锁控制电路原理

在三相异步电动机正反转控制电路中，最基本的方法是采用正反转双重连锁控制电路，如图 3-1 所示。采用 KM1、KM2 的常闭辅助触点实现控制电路的电气连锁，用 SB2、SB3 的常闭触点实现控制电路的机械连锁，即双重连锁。在实际控制中，对于小功率的电机或空载启动的电机，可通过 SB2、SB3 在正、反转之间直接切换。但对于大功率的电机或负载启动的电机，则需要先按下停止按钮 SB1 后，再进行转向的切换。

采用 PLC 控制电机正反转，即是要对原继电接触器电路的控制电路进行控制或改造。但在学校的实验室里，很多都是用指示灯来模拟数字量（开关量）的输出，这样编写的程序是不能用于实际工程的。因为在实际控制中，为了检测接触器是否正常工作，即检查接触器的线圈得电后接触器的触点是否正常动作，或接触器的线圈断电后接触器的触点是否正常复位，往往需要将接触器的辅助触点引入 PLC 来作为反馈检测信号，同时在外围电路中将可能引起电源相间短路的接触器进行硬件上的电气互锁。这种控制方案在实际工程中得到了广泛的应用。

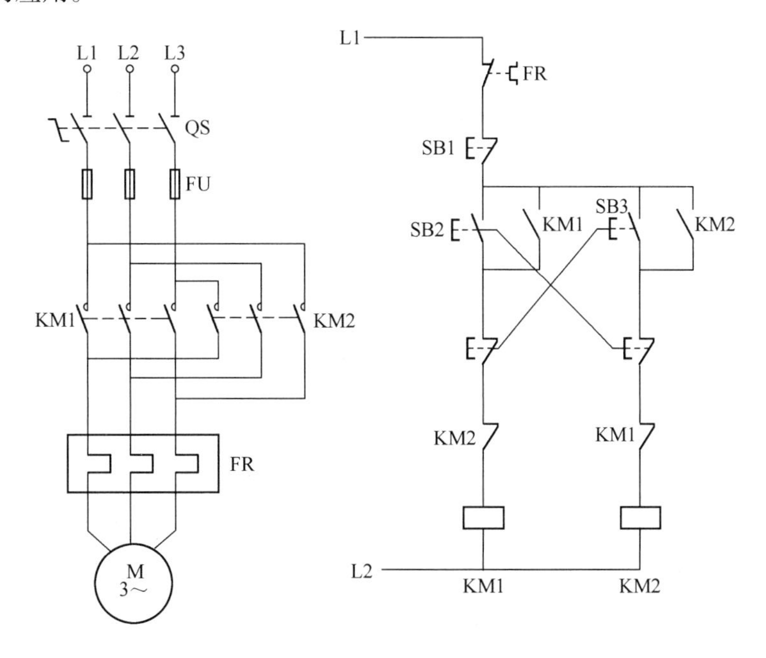

图 3-1 三相异步电动机正反转双重连锁控制电路

B 控制要求

运用 PLC 实现对“三相异步电动机正反转双重连锁”的控制。具体设计要求见“3.1.4 设计要求”。要求电动机具有常规的保护环节。

3.1.3.2 三相异步电动机带限位自动往返控制

A 三相异步电动机带限位自动往返控制电路原理

三相异步电动机带限位自动往返控制电路如图 3-2 所示，它在正反转控制电路的基础

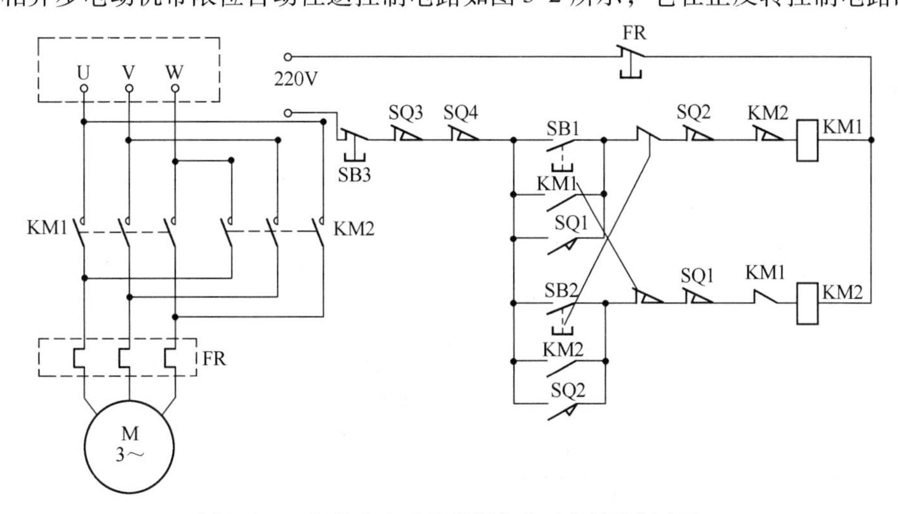

图 3-2 三相异步电动机带限位自动往返控制电路

上稍加了改动。利用 SB1、SB2 可实现手动的正反转，利用行程开关 SQ1、SQ2 可实现工作台的自动往返运行，利用行程开关 SQ3、SQ4 实现工作台的极限位保护（即 SQ1、SQ2 失效时，工作台继续行走，压下 SQ3 或 SQ4，KM1、KM2 都断电）。

B　控制要求

运用 PLC 实现对“三相异步电动机带限位自动往返控制电路”的控制。具体设计要求见“3.1.4 设计要求”。要求电动机具有常规的保护环节。

3.1.3.3　思考题

说明：“思考题”为针对该课题的提高练习。

以“三相异步电动机正反转双重连锁控制电路”为基础，实现电动机自动正反转控制。

要求电动机启动后，先正转 20s，再反转 25s，当正转、反转的次数都达到 4 次后，即自动停车。

电动机自动停车后，延时 30s 后自动启动，先反转 20s，再正转 25s，当正转、反转的次数都达到 2 次后，即自动停车，并输出 1Hz 的指示灯信号，表示所有动作结束。结束指示灯信号闪烁 3s 后熄灭。

要求电动机具有常规的保护环节。

3.1.4　设计要求

根据“系统工艺及控制要求”，设计要求如下：

(1) 进行 I/O 地址分配并绘制 I/O 分配表。

(2) 绘制 I/O 接线示意图（与 I/O 分配表相对应）。

(3) 进行系统 I/O 接线。

(4) 进行程序设计。

(5) 进行程序调试、运行，并能进行基本的硬件、软件故障分析与排除。

(6) 编写实训报告。

3.1.5　实训考核

实训考核项目、内容、要求及评分标准见表 3-1。

表 3-1　实训考核测评表

考核项目	考核内容	百分比	考核要求及评分标准	得分
安全	人员及设备安全	10%	严格遵守实验设备的接线规范及实验设备的通电、断电操作顺序，以确保人员安全和设备安全	
系统 I/O 配置及接线	系统 I/O 配置	10%	根据系统控制要求，合理进行 I/O 地址分配并绘制 I/O 分配表（5%）	
			与 I/O 分配表相对应，正确绘制 I/O 接线示意图（5%）	
	系统 I/O 接线	10%	根据自己的系统 I/O 配置进行正确的系统 I/O 接线	

续表 3-1

考核项目	考核内容	百分比	考核要求及评分标准	得分
程序设计	程序设计	20%	编程语言可以 LAD 为主（编程语言不限），程序设计能完全实现系统的控制要求	
		10%	程序语法正确，程序结构合理，程序算法有创意	
调试、运行	调试、运行	20%	能正确进行程序调试及运行测试，能进行基本的硬件、软件故障分析与排除，能根据系统控制要求及调试、运行情况逐步完善程序设计	
实训报告	实训报告	20%	按照实训报告的格式及内容要求，按时完成实训报告，要求书写工整、作图规范	
实训考核总成绩（总分 100 分）				

3.1.6 设计参考

说明：以下设计内容为“3.1.3.1 三相异步电动机正反转双重连锁控制”部分，仅供参考。“3.1.3.2”与“3.1.3.3”都是基于“3.1.3.1”的控制基础之上，没有给出设计参考，旨在锻炼学生的自主编程设计能力。

（1）I/O 分配见表 3-2。

表 3-2 I/O 地址分配

I/O 设备名称	I/O 地址	说明
FR	I0.0	热保护（常闭触点）
SB1	I0.1	停止按钮（常闭触点）
SB2	I0.2	正转启动按钮（常开触点）
SB3	I0.3	反转启动按钮（常开触点）
KM1	I0.4	正转接触器（常开）辅助触点
KM2	I0.5	反转接触器（常开）辅助触点
KM1	Q4.0	正转接触器线圈
KM2	Q4.1	反转接触器线圈

（2）I/O 接线示意如图 3-3 所示。

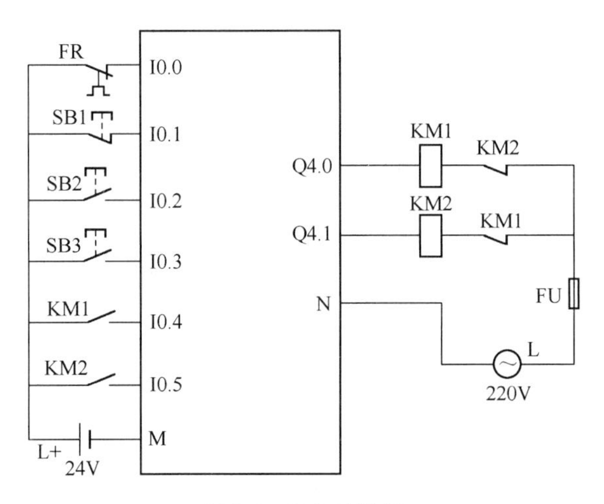

图 3-3　I/O 接线图

（3）程序设计。

1）实验模拟型程序（说明：由于很多 PLC 实验装置的外围 DI/DO 设备只有按钮、开关和指示灯，因此这类程序只能用于实验模拟，而不能直接用于实际工程）。

Network 1: 正转

```
|  I0.2       I0.3      I0.0      I0.1      Q4.1       Q4.0
|--| |---+----|/|-------| |-------| |-------|/|--------(   )--|
|        |
|  Q4.0  |
|--| |---+
|
```

Network 2: 反转

```
|  I0.3       I0.2      I0.0      I0.1      Q4.0       Q4.1
|--| |---+----|/|-------| |-------| |-------|/|--------(   )--|
|        |
|  Q4.1  |
|--| |---+
|
```

2）实际工程型程序（说明：PLC 外接有 FR、KM，因此要编写实际工程程序）。

Network 1: 正转

```
|  I0.2       I0.3      I0.0      I0.1      I0.5       Q4.0
|--| |---+----|/|-------| |-------| |-------|/|--------(   )--|
|        |
|  I0.4  |
|--| |---+
|
```

Network 2: 反转

```
|  I0.3       I0.2      I0.0      I0.1      I0.4       Q4.1
|--| |---+----|/|-------| |-------| |-------|/|--------(   )--|
|        |
|  I0.5  |
|--| |---+
|
```

3.2 课题二 三相异步电动机的基本控制（二）

3.2.1 实训目的

（1）复习三相异步电动机的基本继电接触器电路及其工作原理，学会运用 PLC 对三相异步电动机的基本继电接触器电路进行控制。

（2）熟悉 STEP7 软件的基本使用方法。

（3）进一步巩固对常规指令的正确理解和使用。

（4）根据实验设备，熟练掌握 PLC 的外围 I/O 设备接线方法。

（5）复习三相鼠笼式异步电动机Y-△减压启动控制、三相异步电动机变极调速控制电路（△/Y Y控制），加深对电气控制系统各种保护、自锁、互锁等环节的理解。

（6）能根据“系统工艺及控制要求”和“设计要求”进行程序设计和程序调试，养成良好的设计习惯，培养基本的设计能力，学会逐步优化程序算法和积累编程技巧。

3.2.2 实训设备

本实训在“S21 S7-300 模拟实验挂箱”中完成，该实验挂件面板上安装有按钮、开关和 LED 指示灯，用以模拟 PLC 数字量（开关量的）控制程序的实验模拟。

说明：在以后的实训课题中，如果该课题对应的挂件外围 I/O 点不够用，都要使用“S21 S7-300 模拟实验挂箱”的外围 I/O 点进行扩展。

3.2.3 三相电动机的基本控制电路原理及控制要求

3.2.3.1 三相异步电动机Y-△减压启动控制

A 三相异步电动机Y-△减压启动控制电路原理

通常，容量较大的电动机（如 10kW 以上）不允许直接启动，而应采用减压启动的方法，其目的是减小启动电流，但电动机的启动转矩也随之降低，因此减压启动常用于空载或轻载启动的场合。常用的减压启动方法有Y-△降压启动、定子串电阻降压启动及自耦变压器启动等，而Y-△减压启动又是最普遍使用的方法。

三相异步电动机Y-△减压启动控制电路如图 3-4 所示，其工作原理分析请参见相关教材，在此不再赘述。

B 控制要求

运用 PLC 实现对三相异步电动机Y-△减压启动控制，要求Y-△切换时间为 6s。具体设计要求见“3.2.4 设计要求”。

要求电动机具有常规的保护环节。

3.2.3.2 三相异步电动机变极调速控制电路（△/Y Y控制）

A 三相异步电动机变极调速控制电路（△/Y Y控制）原理

三相异步电动机变极调速控制电路（△/Y Y控制），其转速的改变是通过磁极对数的

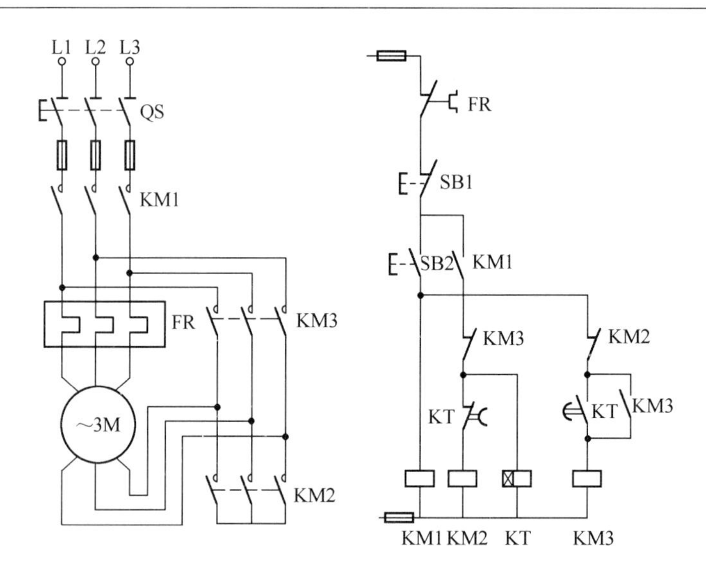

图 3-4　三相异步电动机Y-△减压启动控制电路

变化而实现的。如图 3-5 所示，按下低速按钮 SB1 时，KM1 得电并自锁，KM1 的常闭互锁辅助触点断开 KM2 和 KM3 支路，此时电动机接为“△”，作低速运行。

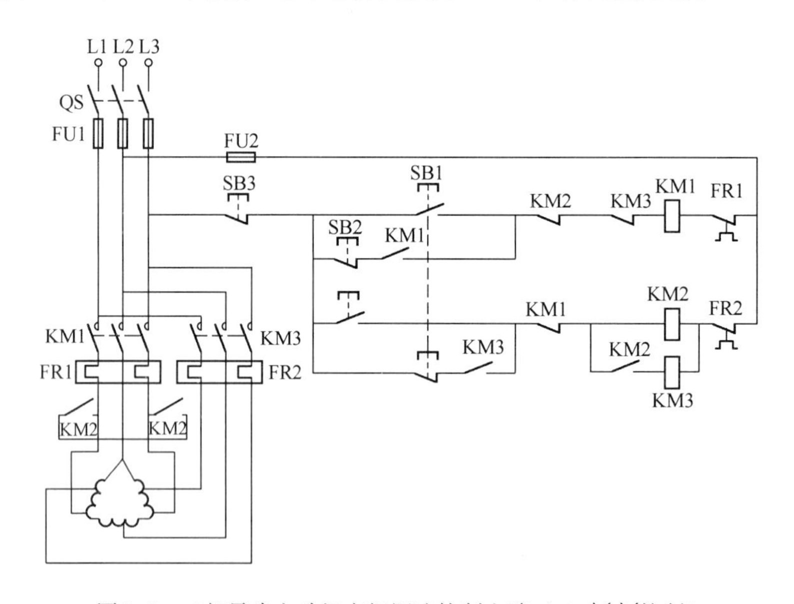

图 3-5　三相异步电动机变极调速控制电路（△/Y Y控制）

当按下高速按钮 SB2 时，SB2 的常闭接点首先断开 KM1 的自锁触点并使 KM1 断电，同时 SB2 的常开触点闭合，使 KM2 和 KM3 先后得电并自锁，KM2 及 KM3 的常闭触点串联对 KM1 互锁。此时电动机接为“Y Y”，作高速运行。

B　控制要求

运用 PLC 实现对“三相异步电动机变极调速控制电路（△/Y Y控制）”的控制。具体设计要求见“3. 2. 4 设计要求”。

要求电动机具有常规的保护环节。

3.2.3.3 思考题

以“三相异步电动机正反转双重连锁控制电路”、“三相异步电动机Y-△减压启动”、“三相异步电动机变极调速控制电路（△/YY控制）”三个电路为基础，实现以下控制：

按下系统启动按钮后，先是第一台电动机自动作正反转运行（正转15s，反转15s）；第一台电动机运行30s后，第二台电动机自动作Y-△减压启动（Y-△切换时间为8s）；当第二台电动机运行30s后，第三台电动机自动作变极调速（△/YY控制）运行，先低速运行10s，再高速运行10s，接着再低速运行10s，如此低速、高速循环运行。

当按下系统停止按钮（或第三台电动机作低速、高速循环6次后，发出系统自动停车信号）后，三台电动机按照“逆停”的顺序，依次延迟5s自动停车。至此，控制结束。

要求三台电动机具有常规的保护环节及联锁环节。

3.2.4 设计要求

根据“系统工艺及控制要求”，设计要求如下：

（1）进行I/O地址分配并绘制I/O分配表。

（2）绘制I/O接线示意图（与I/O分配表相对应）。

（3）进行系统I/O接线。

（4）进行程序设计。

（5）进行程序调试、运行，并能进行基本的硬件、软件故障分析与排除。

（6）编写实训报告。

3.2.5 实训考核

实训考核项目、内容、要求及评分标准见表3-3。

表3-3 实训考核测评表

考核项目	考核内容	百分比	考核要求及评分标准	得分
安全	人员及设备安全	10%	严格遵守实验设备的接线规范及实验设备的通电、断电操作顺序，以确保人员安全和设备安全	
系统I/O配置及接线	系统I/O配置	10%	根据系统控制要求，合理进行I/O地址分配并绘制I/O分配表（5%）	
			与I/O分配表相对应，正确绘制I/O接线示意图（5%）	
	系统I/O接线	10%	根据自己的系统I/O配置进行正确的系统I/O接线	

续表 3-3

考核项目	考核内容	百分比	考核要求及评分标准	得分
程序设计	程序设计	20%	编程语言可以 LAD 为主（编程语言不限），程序设计能完全实现系统的控制要求	
		10%	程序语法正确，程序结构合理，程序算法有创意	
调试、运行	调试、运行	20%	能正确进行程序调试及运行测试，能进行基本的硬件、软件故障分析与排除，能根据系统控制要求及调试、运行情况逐步完善程序设计	
实训报告	实训报告	20%	按照实训报告的格式及内容要求，按时完成实训报告，要求书写工整、作图规范	
实训考核总成绩（总分 100 分）				

3.2.6 设计参考

说明：以下设计内容为“3.2.3.1 三相异步电动机Y-△减压启动控制”部分，仅供参考。“3.2.3.2”与“3.2.3.3”没有给出参考设计答案，旨在锻炼学生的自主编程设计能力。

（1）I/O 分配见表 3-4。

表 3-4 I/O 地址分配

I/O 设备名称	I/O 地址	说　明
FR	I0.0	热保护（常闭触点）
SB1	I0.1	停止按钮（常闭触点）
SB2	I0.2	启动按钮（常开触点）
KM1	I0.3	主接触器（常开）辅助触点
KM1	I0.4	Y接触器（常开）辅助触点
KM2	I0.5	△接触器（常开）辅助触点
KM1	Q4.0	主接触器线圈
KM2	Q4.1	Y接触器线圈
KM2	Q4.2	△接触器线圈

（2）I/O 接线示意如图 3-6 所示。

FR
I0.0
SB1
I0.1
SB2
I0.2
KM1
I0.3
KM2
I0.4
KM3
I0.5
L+
24V
M
Q4.0
KM1
Q4.1
KM2
KM3
Q4.2
KM3
KM2
N
FU
L
220V

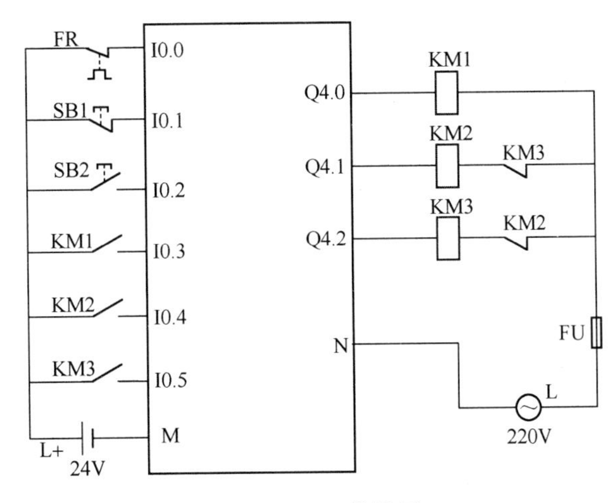

图 3-6 I/O 接线图

（3）程序设计。

1）实验模拟型程序：

Network 1:Title:

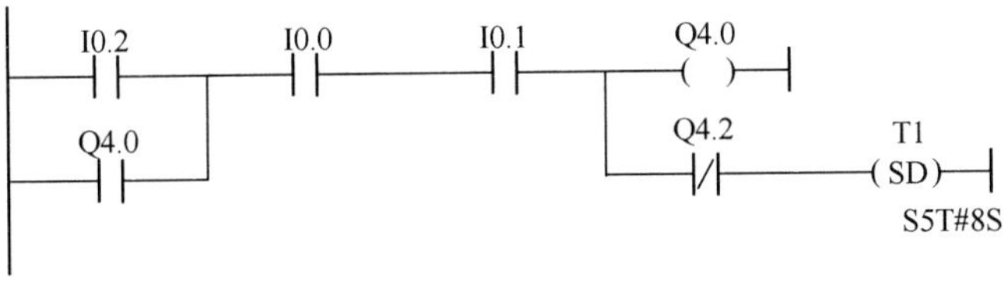

I0.2
I0.0
I0.1
Q4.0
Q4.0
Q4.2
T1
SD
S5T#8S

Network 2:Title:

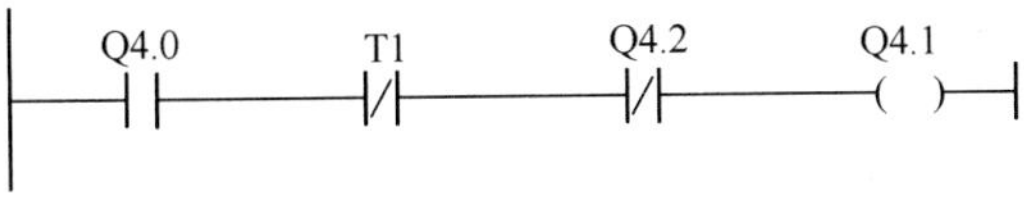

Q4.0
T1
Q4.2
Q4.1

Network 3:Title:

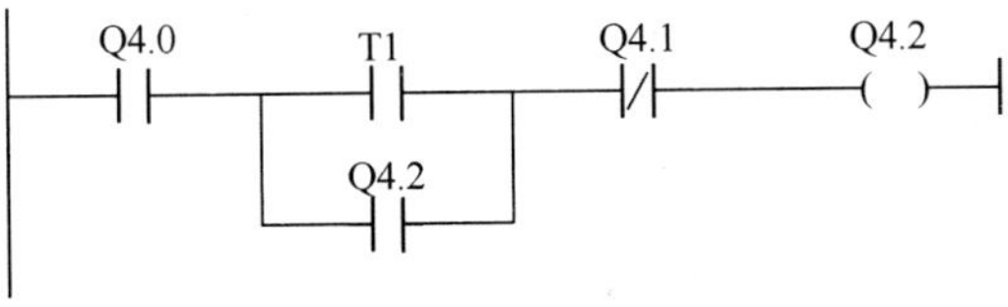

Q4.0
T1
Q4.1
Q4.2
Q4.2

2）实际工程型程序：

Network 1:Title:

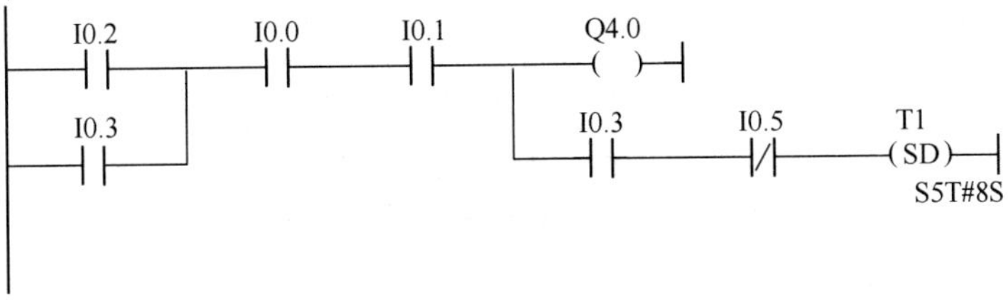

I0.2
I0.0
I0.1
Q4.0
I0.3
I0.3
I0.5
T1
SD
S5T#8S

Network 2:Title:

```
 |   I0.3        T1         I0.5        Q4.1
 |---| |--------|/|--------|/|--------(  )--|
 |
```

Network 3:Title:

```
 |   I0.3        T1         I0.4        Q4.2
 |---| |----+---| |---+----|/|--------(  )--|
 |          |  I0.5   |
 |          +---| |---+
 |
```

3.3　课题三　十字路口交通灯控制模拟

3.3.1　实训目的

（1）熟练掌握 STEP7 软件的基本使用方法。

（2）进一步巩固对常规指令的正确理解和使用。

（3）根据实验设备，熟练掌握 PLC 的外围 I/O 设备接线方法。

（4）能根据“系统工艺及控制要求”和“设计要求”进行程序设计和程序调试，养成良好的设计习惯，培养基本的设计能力，学会逐步优化程序算法和积累编程技巧。

（5）拟用 PLC 设计十字路口交通灯控制系统，了解十字路口交通灯系统的常规控制方法。

3.3.2　实训设备

本实训在“S22 S7-300 模拟实验挂箱”中完成，该实验挂箱“十字路口交通灯控制”面板图如图 3-7 所示。

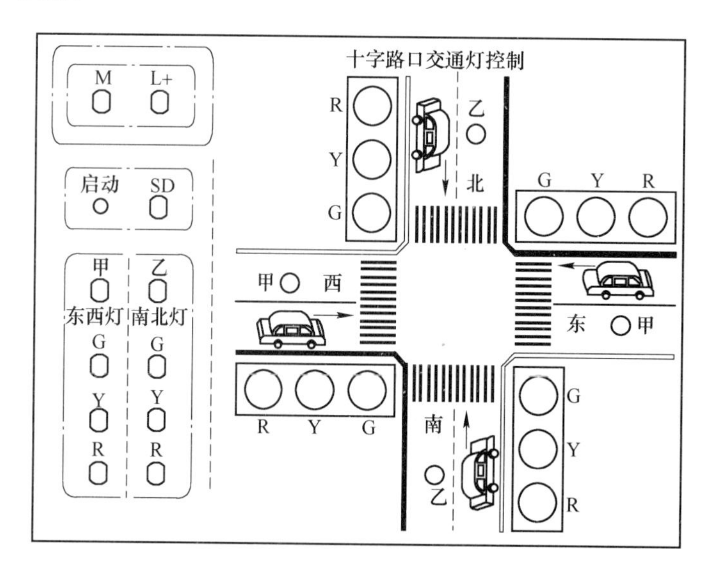

图 3-7　“十字路口交通灯控制”面板图（S22 S7-300 模拟实验挂箱）

十字路口分为东西向和南北向两个方向，面板中的四组“R、Y、G”指示灯用以模拟东西向和南北向的“红、黄、绿”三种颜色的交通指示灯，公路上的“甲、乙”指示灯用以模拟东西向和南北向的车辆正在驶过十字路口。

3.3.3 系统工艺及控制要求

3.3.3.1 总体控制要求

本系统是一个典型的顺序逻辑控制，要求严格按照交通灯的动作要求进行程序设计。

3.3.3.2 具体工艺及控制要求

A “车辆直行”指示灯

东西向指示灯：系统启动后，东西向指示灯先是绿灯亮，20s后，东西绿灯开始闪烁（1Hz），3s后熄灭；接着是东西黄灯亮，3s后熄灭；最后是东西红灯亮，26s后熄灭。至此完成东西向“车辆直行”指示灯的一个周期，并不断循环。

南北向指示灯：

系统启动后，南北向指示灯先是红灯亮，26s后熄灭；接着是南北绿灯亮，20s后，南北绿灯开始闪烁（1Hz），3s后熄灭；最后是南北黄灯亮，3s后熄灭。至此完成南北向“车辆直行”指示灯的一个周期，并不断循环。

B 车辆直行模拟显示

某方向（东西向或南北向）“车辆直行”指示灯的绿灯亮，则该方向的车辆可以驶出停车线直行。但考虑车辆加速的时间，因此在进行车辆直行模拟时，在绿灯亮后，用该方向公路上的指示灯（甲或乙指示灯）延迟1s亮表示车辆正在直行。

当某方向（东西向或南北向）“车辆直行”指示灯的绿灯开始闪烁，表示提醒司机该方向的直行即将暂停，当绿灯熄灭，黄灯亮时，则该方向的车辆不可再驶出停车线，但已驶出停车线的车辆需继续直行。因此在进行车辆停车模拟时，在黄灯亮后，用该方向公路上的指示灯（甲或乙指示灯）延迟2s灭表示。

3.3.3.3 思考题

如果还要考虑“车辆左转”、“人行横道”指示灯，又该怎样设计呢?

提示：可在市区某些十字路口或三岔路口进行实地观察，并作详细的十字路口交通灯及人行横道指示灯的动作记录，再进行“十字路口交通灯控制系统”的详细设计。

3.3.3.4 补充说明

（1）“十字路口交通灯控制系统”是一类典型的自动化控制系统类型。由于各城市，各十字路口，甚至是各时段，交通灯的系统工艺及控制要求可能都不一样，故不可一概而论。本“十字路口交通灯控制系统”的系统工艺及控制要求仅为模拟设计，特此说明。

（2）实训指导教师可在以上控制要求基础之上，增加其他控制要求，如增加“车辆左转”、“人行横道”指示灯，或是分时段控制。

3.3.4 设计要求

根据“系统工艺及控制要求”，设计要求如下：

（1）进行I/O地址分配并绘制I/O分配表。

（2）绘制I/O接线示意图（与I/O分配表相对应）。

（3）进行系统I/O接线。

（4）进行程序设计。

（5）进行程序调试、运行，并能进行基本的硬件、软件故障分析与排除。

（6）编写实训报告。

3.3.5 实训考核

实训考核项目、内容、要求及评分标准见表3-5。

表3-5 实训考核测评表

考核项目	考核内容	百分比	考核要求及评分标准	得分
安全	人员及设备安全	10%	严格遵守实验设备的接线规范及实验设备的通电、断电操作顺序，以确保人员安全和设备安全	
系统I/O配置及接线	系统I/O配置	10%	根据系统控制要求，合理进行I/O地址分配并绘制I/O分配表（5%）	
			与I/O分配表相对应，正确绘制I/O接线示意图（5%）	
	系统I/O接线	10%	根据自己的系统I/O配置进行正确的系统I/O接线	
程序设计	程序设计	20%	编程语言可以LAD为主（编程语言不限），程序设计能完全实现系统的控制要求	
		10%	程序语法正确，程序结构合理，程序算法有创意	
调试、运行	调试、运行	20%	能正确进行程序调试及运行测试，能进行基本的硬件、软件故障分析与排除，能根据系统控制要求及调试、运行情况逐步完善程序设计	
实训报告	实训报告	20%	按照实训报告的格式及内容要求，按时完成实训报告，要求书写工整、作图规范	
实训考核总成绩（总分100分）				

3.3.6 设计参考

说明：介于“十字路口交通灯控制”实验挂件面板图的布局，以下设计内容仅包括车辆直行指示灯和车辆直行模拟显示两部分。本课题程序设计方法较多，以下设计内容仅供参考。

（1）I/O 分配见表 3-6。

表 3-6 I/O 地址分配表

I/O 设备名称	I/O 地址	说 明
系统停车按钮	I0.0	系统停车按钮（常闭点）①
系统启动按钮	I0.1	系统启动按钮（常开点）②
东西 G（LED）	Q4.0	东西向绿色指示灯②
东西 Y（LED）	Q4.1	东西向黄色指示灯②
东西 R（LED）	Q4.2	东西向红色指示灯②
南北 G（LED）	Q4.3	南北向绿色指示灯②
南北 Y（LED）	Q4.4	南北向黄色指示灯②
南北 R（LED）	Q4.5	南北向红色指示灯②
甲（LED）	Q4.6	东西向车辆直行模拟显示②
乙（LED）	Q4.7	南北向车辆直行模拟显示②

①在面板图外取 I/O 点。
②在“S22 S7-300 模拟实验挂箱”面板图上取 I/O 点。

（2）程序设计。

OB1：“十字路口交通灯控制”，仅包括车辆直行指示灯和车辆直行模拟显示。

Network 1:Title:

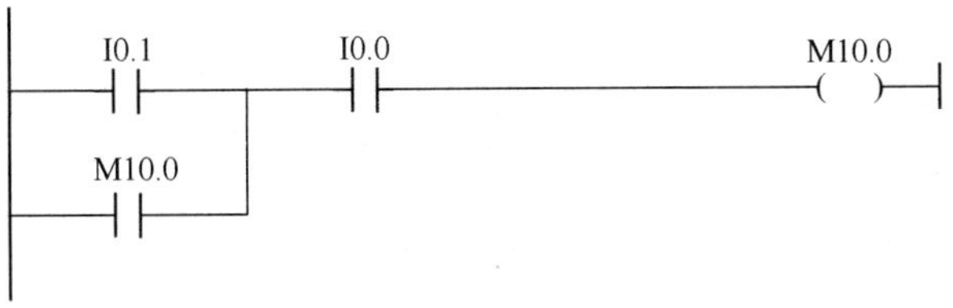

```
      I0.1           I0.0                              M10.0
|----| |------+------| |------------------------------( )---|
|             |
|     M10.0   |
|----| |------+
|
```

Network 2:Title:

```
CALL   FC   1
CALL   FC   2
CALL   FC   3
```

FC1：东西向车辆直行交通灯程序。

Network 1:东西 _ 绿

M10.0　T6　T1　T4　Q4.0

T2

T1 (SD) S5T#20S

T1　T3　T2 (SD) S5T#500MS

T2　T3 (SD) S5T#500MS

T4 (SD) S5T#3S

Network 2:东西 _ 黄

M10.0　T4　T5　Q4.1

T5 (SD) S5T#3S

Network 3:东西 _ 红

M10.0　T5　T6　Q4.2

T6 (SD) S5T#26S

FC2：南北向车辆直行交通灯程序。

Network 1:南北 _ 红

M10.0　T12　T7　Q4.5

T7 (SD) S5T#26S

Network 2:南北_绿

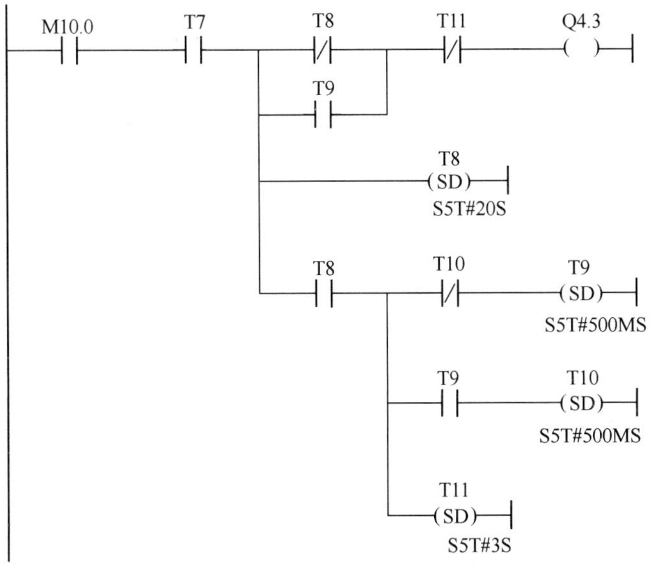

Network 3: 南北_黄

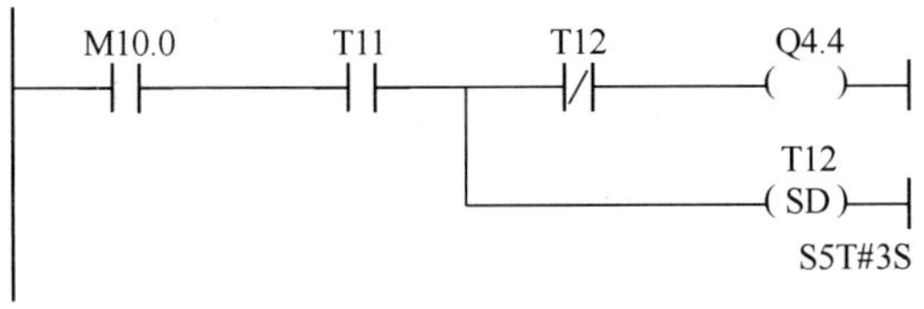

FC3：车辆直行模拟显示程序。

Network 1：东西向车辆直行模拟显示

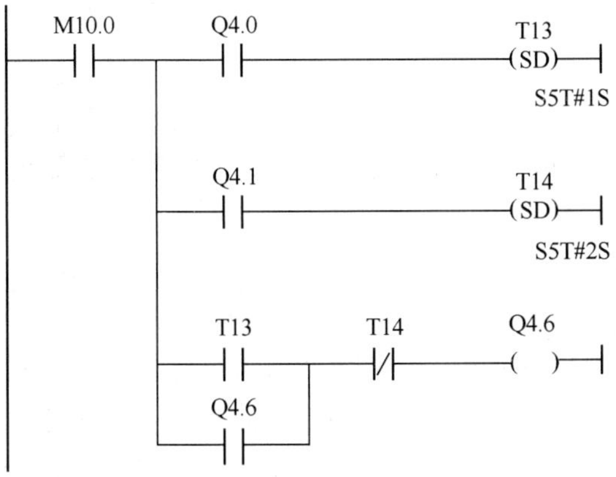

Network 2：南北向车辆直行模拟显示

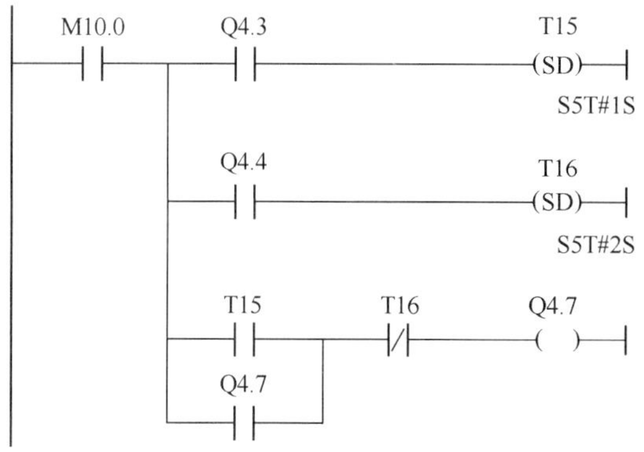

```
  M10.0      Q4.3                  T15
--| |----+---| |-----------------(SD)--|
         |                        S5T#1S
         |   Q4.4                  T16
         +---| |-----------------(SD)--|
         |                        S5T#2S
         |   T15        T16        Q4.7
         +---| |---+----|/|------( )---|
         |   Q4.7  |
         +---| |---+
```

3.4　课题四　水塔水位控制模拟

3.4.1　实训目的

（1）熟练掌握 STEP7 软件的基本使用方法。

（2）进一步巩固对常规指令的正确理解和使用。

（3）根据实验设备，熟练掌握 PLC 的外围 I/O 设备接线方法。

（4）能根据“系统工艺及控制要求”和“设计要求”进行程序设计和程序调试，养成良好的设计习惯，培养基本的设计能力，学会逐步优化程序算法和积累编程技巧。

（5）拟用 PLC 设计水塔水位自动控制系统，并了解水位控制的一些简单方法。

3.4.2　实训设备

本实训在“S23 S7-300 模拟实验挂箱”中完成，该实验挂箱“水位水塔控制”面板图如图 3-8 所示。开关 S1 表示水塔的水位上限位检测，开关 S2 表示水塔水位下限检测，开关 S3 表示水池水位上限检测，开关 S4 表示水池水位下限检测，M1 为抽水泵电机，Y 为进水电磁阀。

3.4.3　系统工艺及控制要求

3.4.3.1　总体控制要求

本系统是一个典型的、简单的水位控制（管道上的手动阀未在面板图反映出来）。

系统启动后，能根据水池水位及水塔水位的上下限，自动控制进水电磁阀的开闭以及抽水泵的启停。

3.4.3.2　具体工艺及控制要求

（1）系统启动后，当水池水位低于下限位（用开关 S4 闭合表示），进水电磁阀 Y 打开（电磁阀得电打开，用指示灯 Y“亮”表示），进水管开始向水池注水。同时定时器开始计时，8s 后，如果水池下限位开关 S4 没有复位断开，表示水池水位还没有高过下限位，

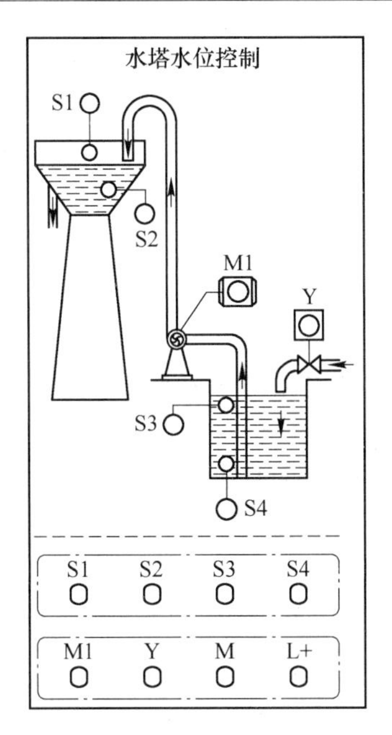

图 3-8 “水塔水位控制”面板图
（S23 S7-300 模拟实验挂箱）

即表示进水电磁阀 Y 得电后没有打开进水，电磁阀 Y 出现了故障，此时电磁阀 Y 的故障指示灯闪烁（1Hz）报警。

当水池水位高于上限位（用开关 S3 闭合表示），进水电磁阀 Y 关闭（电磁阀断电闭合，用指示灯 Y“熄”表示），进水管停止向水池注水。

（2）当水池水位高于下限位（即 S4 为断开时），且水塔水位低于水塔下限位时（用开关 S2 闭合表示），抽水泵电机 M1 开始运转抽水（用指示灯 M1“亮”表示）。同时定时器开始计时，10s 后，如果水塔下限位开关 S2 没有复位断开，表示水塔水位还没有高过下限位，即表示水泵电机 M1 出现了故障（也可能是水泵出现了故障，或抽水管道出现了漏水故障等），此时水泵电机 M1 的故障指示灯闪烁（1Hz）报警。

当水塔水位高于水塔上限位（用开关 S1 闭合表示），水泵电机 M1 停车，水泵电机 M1 停止向水塔抽水。

（3）要求系统具有常规的保护环节和故障报警功能。

3.4.3.3 实验模拟操作注意

由于本系统水池、水塔的上下限位是由 S1 ~ S4 四个开关来模拟的，不考虑这四个水位开关的故障可能性，在实验模拟操作时需注意水池或水塔的上下限位开关不能同时闭合，即 S3 和 S4 不能同时闭合，S1 和 S2 也不能同时闭合。

3.4.3.4 思考题

如果不用开关量式的水位上下限检测信号（即不用开关 S1 ~ S4），而用液位传感器来检测水位的高度（该检测信号可用实验台上的 DC24V 模拟电位计手动给定来模拟），在工艺及控制要求都不变的情况下，程序又应该怎样设计呢？

由于实验台只有一个 DC24V 模拟电位计，故水塔水位上下限检测仍用开关 S3、S4 模拟，而水池的液位检测可用此 AI 信号来模拟液位传感器的检测信号（如用 PIW256 表示），并假定水池的深度为 10m（也即液位传感器的探头长度），水池下限位对应 1.5m，上限位对应 8.5m。

3.4.3.5　补充说明

（1）水位控制是一类典型的自动化控制系统类型。由于实际的控制工艺及控制要求较为多样，故不可一概而论。本系统的工艺及控制要求仅为模拟设计，特此说明。

（2）实训指导教师可在以上控制要求基础之上，增加其他控制要求。

3.4.4　设计要求

根据“系统工艺及控制要求”，设计要求如下：

（1）进行 I/O 地址分配并绘制 I/O 分配表。

（2）绘制 I/O 接线示意图（与 I/O 分配表相对应）。

（3）进行系统 I/O 接线。

（4）进行程序设计。

（5）进行程序调试、运行，并能进行基本的硬件、软件故障分析与排除。

（6）编写实训报告。

3.4.5　实训考核

实训考核项目、内容、要求及评分标准见表 3-7。

表 3-7　实训考核测评表

考核项目	考核内容	百分比	考核要求及评分标准	得分
安全	人员及设备安全	10%	严格遵守实验设备的接线规范及实验设备的通电、断电操作顺序，以确保人员安全和设备安全	
系统 I/O 配置及接线	系统 I/O 配置	10%	根据系统控制要求，合理进行 I/O 地址分配并绘制 I/O 分配表（5%）	
			与 I/O 分配表相对应，正确绘制 I/O 接线示意图（5%）	
	系统 I/O 接线	10%	根据自己的系统 I/O 配置进行正确的系统 I/O 接线	
程序设计	程序设计	20%	编程语言可以 LAD 为主（编程语言不限），程序设计能完全实现系统的控制要求	
		10%	程序语法正确，程序结构合理，程序算法有创意	

续表 3-7

考核项目	考核内容	百分比	考核要求及评分标准	得分
调试、运行	调试、运行	20%	能正确进行程序调试及运行测试，能进行基本的硬件、软件故障分析与排除，能根据系统控制要求及调试、运行情况逐步完善程序设计	
实训报告	实训报告	20%	按照实训报告的格式及内容要求，按时完成实训报告，要求书写工整、作图规范	
实训考核总成绩（总分 100 分）				

3.4.6　设计参考

说明：本课题程序设计方法较多，以下设计内容仅为实验模拟型程序的主程序部分，仅供参考。

（1）I/O 分配见表 3-8。

表 3-8　I/O 地址分配

I/O 设备名称	I/O 地址	说　明
系统停车按钮	I0.0	系统停车按钮（常闭点）①
系统启动按钮	I0.1	系统启动按钮（常开点）①
故障报警复位按钮	I0.2	故障报警复位按钮（常开点）①
水塔水位上限位	I0.3	水塔水位上限位开关（常开点） （当水塔水位高于水塔上限位时，开关 S1 闭合）②
水塔水位下限位	I0.4	水塔水位下限位开关（常开点） （当水塔水位低于水塔下限位时，开关 S2 闭合）②
水池水位上限位	I0.5	水池水位上限位开关（常开点） （当水池水位高于水池上限位时，开关 S3 闭合）②
水池水位下限位	I0.6	水池水位下限位开关（常开点） （当水池水位低于水池下限位时，开关 S4 闭合）②
水泵电机 M1 的 FR	I0.7	水泵电机 M1 的 FR（常闭点）①
进水电磁阀 Y	Q4.0	进水电磁阀 Y 的线圈②
水泵电机 M1	Q4.1	水泵电机 M1 的 KM 线圈 ②
电磁阀 Y 故障指示灯	Q4.2	电磁阀 Y 故障指示灯闪烁（1Hz）报警 ①
水泵电机 M1 故障指示灯	Q4.3	电磁阀 Y 故障指示灯闪烁（1Hz）报警 ①

①在面板图外取 I/O 点。

②在“S23 S7-300 模拟实验挂箱”面板图上取 I/O 点。

（2）程序设计。

OB1："水塔水位控制"。

Network 1：系统启动

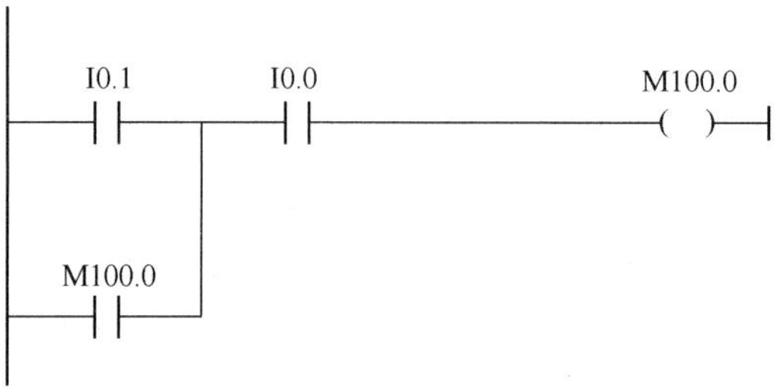

I0.1 I0.0 M100.0
M100.0

Network 2：电磁阀 Y

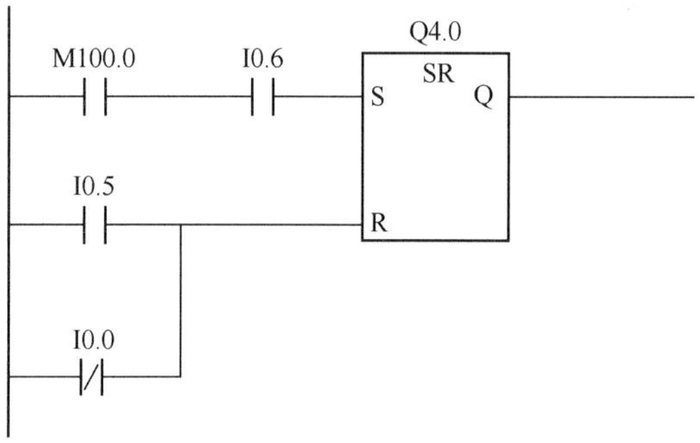

Q4.0
M100.0 I0.6 SR
S Q
I0.5
R
I0.0

Network 3：Title：

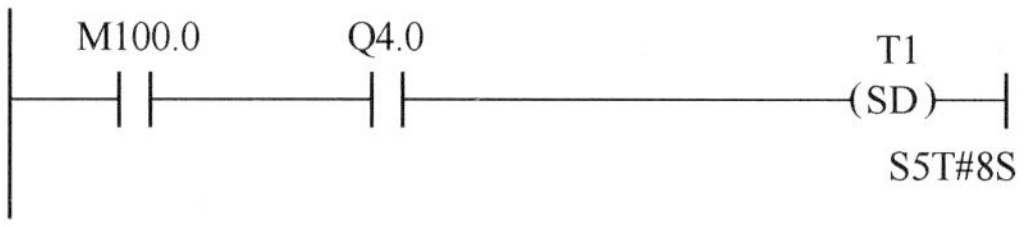

M100.0 Q4.0 T1
(SD)
S5T#8S

Network 4：电磁阀故障报警

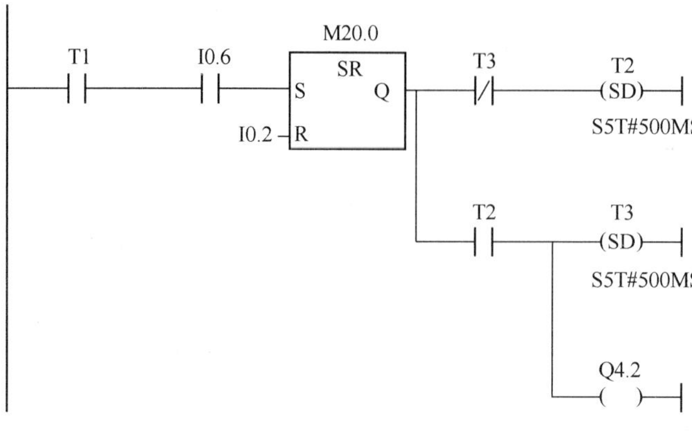

M20.0
T1 I0.6 SR T3 T2
S Q (SD)
I0.2 R S5T#500MS
T2 T3
(SD)
S5T#500MS
Q4.2

Network 5：水泵电机

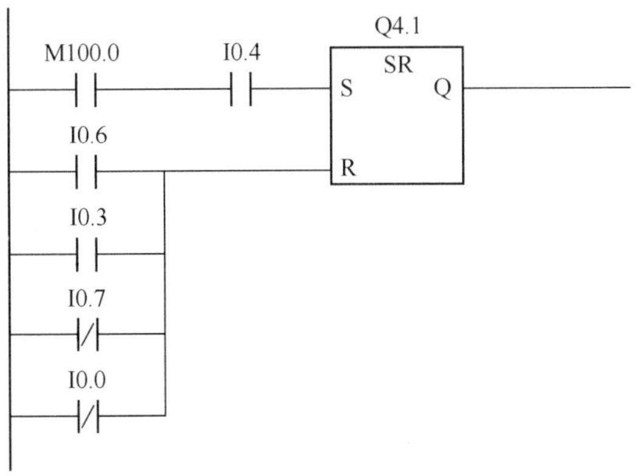

M100.0　I0.4　Q4.1　SR　S　Q
I0.6　R
I0.3
I0.7
I0.0

Network 6：Title：

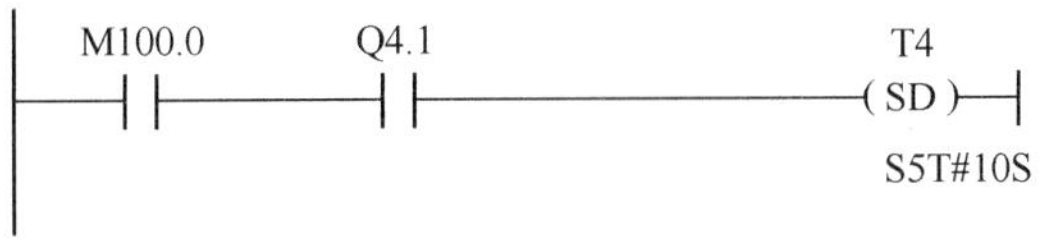

M100.0　Q4.1　T4　(SD)
S5T#10S

Network 7：水泵电机故障报警

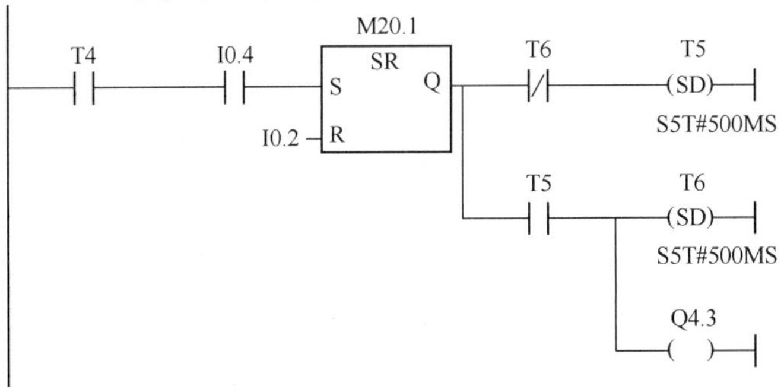

T4　I0.4　M20.1　SR　S　Q　T6　T5　(SD)
I0.2　R　S5T#500MS
T5　T6　(SD)
S5T#500MS
Q4.3　( )

3.5　课题五　喷泉模拟控制

3.5.1　实训目的

（1）熟练掌握STEP7软件的基本使用方法。

（2）进一步巩固对常规指令的正确理解和使用。

（3）根据实验设备，熟练掌握PLC的外围I/O设备接线方法。

（4）能根据“系统工艺及控制要求”和“设计要求”进行程序设计和程序调试，养成良好的设计习惯，培养基本的设计能力，学会逐步优化程序算法和积累编程技巧。

（5）运用PLC控制LED的闪烁构成的喷泉模拟系统，并熟悉移位、循环控制的程序设计算法。

3.5.2 实训设备

本实训在"S25 S7-300 模拟实验挂箱"中完成，该实验挂箱"喷泉模拟控制"面板图如图 3-9 所示，面板中的 1 ~8 号闪光灯用 LED 模拟输出。

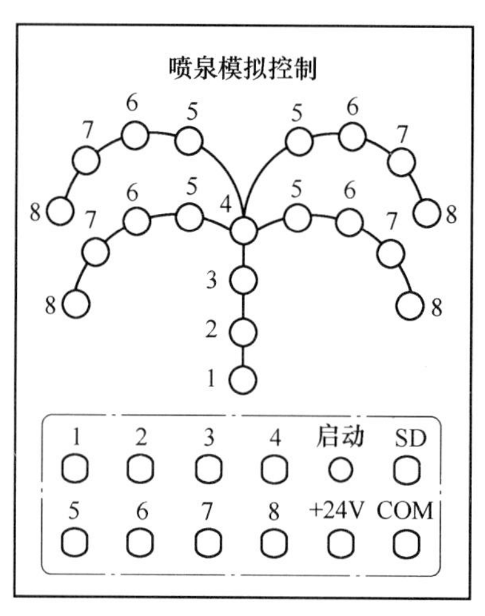

图 3-9 "喷泉模拟控制"面板图
（S25 S7-300 模拟实验挂箱）

3.5.3 系统工艺及控制要求

3.5.3.1 总体控制要求

喷泉模拟控制由 1 ~8 号 LED 模拟显示，要求从下至上依次逐个闪烁，并不断循环。

3.5.3.2 具体工艺及控制要求

按下启动按钮，1 ~8 号 LED 按以下规律显示：1→2→3→4→5→6→7→8→1→2→ … 不断循环。

按下停止按钮，1 ~8 号 LED 不会立即停止输出，而要等到最后一次循环结束，即要等到 8 号 LED 闪烁完成为止。

每个 LED 闪烁切换时间均为 0. 5s。

3.5.3.3 思考题

总体要求类似"3. 5. 3. 2"，不同的是喷泉每次循环都要有不同的图案，具体要求如下：

喷泉第一次循环是 4 个连续的 LED 从下至上依次逐个出现变亮，然后 4 个一起逐渐闪烁移动上升，直至最后依次逐个消失；第二次循环则是 3 个连续的 LED 按同样的规律动作；第三次循环则是 2 个连续的 LED 按同样的规律动作；第四次循环则是 1 个 LED 从下至上依次逐个闪烁。四次循环作为一个周期，下一个周期又自动从第一次循环开始。

思考这个程序应该怎样设计。

3.5.3.4　补充说明

（1）“移位、循环”控制是一种典型的程序设计题目类型，控制要求灵活多样，程序设计的方法也较为多样，同学们可多采用几种算法进行程序设计，如采用“移位指令”进行设计。

（2）实训指导教师可在以上控制要求基础之上，增加其他控制要求。

3.5.4　设计要求

根据“系统工艺及控制要求”，设计要求如下：

（1）进行I/O地址分配并绘制I/O分配表。

（2）绘制I/O接线示意图（与I/O分配表相对应）。

（3）进行系统I/O接线。

（4）进行程序设计。

（5）进行程序调试、运行，并能进行基本的硬件、软件故障分析与排除。

（6）编写实训报告。

3.5.5　实训考核

实训考核项目、内容、要求及评分标准见表3-9。

表3-9　实训考核测评表

考核项目	考核内容	百分比	考核要求及评分标准	得分
安全	人员及设备安全	10%	严格遵守实验设备的接线规范及实验设备的通电、断电操作顺序，以确保人员安全和设备安全	
系统I/O配置及接线	系统I/O配置	10%	根据系统控制要求，合理进行I/O地址分配并绘制I/O分配表（5%）	
			与I/O分配表相对应，正确绘制I/O接线示意图（5%）	
	系统I/O接线	10%	根据自己的系统I/O配置进行正确的系统I/O接线	
程序设计	程序设计	20%	编程语言可以LAD为主（编程语言不限），程序设计能完全实现系统的控制要求	
		10%	程序语法正确，程序结构合理，程序算法有创意	

续表 3-9

考核项目	考核内容	百分比	考核要求及评分标准	得分
调试、运行	调试、运行	20%	能正确进行程序调试及运行测试，能进行基本的硬件、软件故障分析与排除，能根据系统控制要求及调试、运行情况逐步完善程序设计	
实训报告	实训报告	20%	按照实训报告的格式及内容要求，按时完成实训报告，要求书写工整、作图规范	
实训考核总成绩（总分 100 分）				

3.5.6　设计参考

说明：本课题程序设计方法较多，以下设计内容为系统工艺及控制要求的“3.5.3.2”部分，仅供参考。“3.5.3.3”与“3.5.3.4”没有给出参考设计答案，望同学们自己完成，以锻炼自己的编程设计能力。

（1）I/O 分配见表 3-10。

表 3-10　I/O 地址分配

I/O 设备名称	I/O 地址	说　　明
系统停车按钮	I0.0	系统停车按钮（常闭点）①
系统启动按钮	I0.1	系统启动按钮（常开点）②
1 号（LED）	Q4.0	1 号 LED 指示灯②
2 号（LED）	Q4.1	2 号 LED 指示灯②
3 号（LED）	Q4.2	3 号 LED 指示灯②
4 号（LED）	Q4.3	4 号 LED 指示灯②
5 号（LED）	Q4.4	5 号 LED 指示灯②
6 号（LED）	Q4.5	6 号 LED 指示灯②
7 号（LED）	Q4.6	7 号 LED 指示灯②
8 号（LED）	Q4.7	8 号 LED 指示灯②

①在面板图外取 I/O 点。

②在“S25 S7-300 模拟实验挂箱”面板图上取 I/O 点。

（2）程序设计。

OB1："Main Program Sweep（Cycle）"。

Network 1：Title：

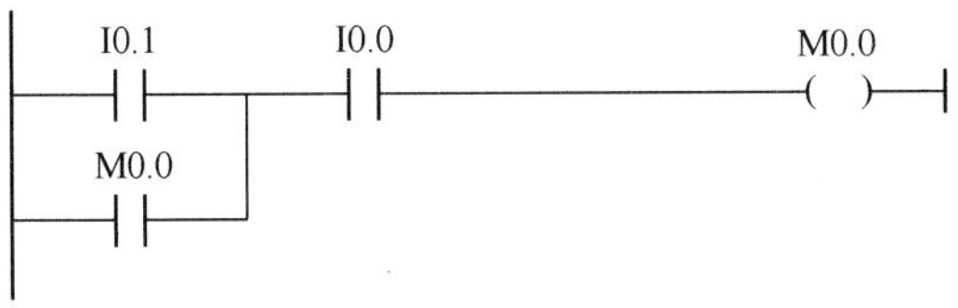

I0.1 I0.0 M0.0
M0.0

Network 2：Title：

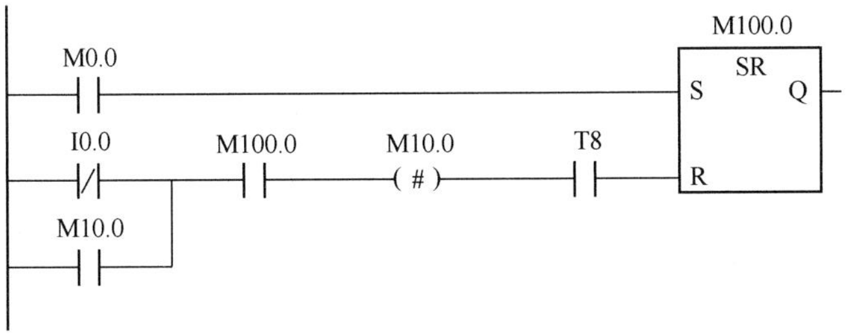

M100.0
M0.0 SR
S Q
I0.0 M100.0 M10.0 T8
（#） R
M10.0

Network 3：Title：

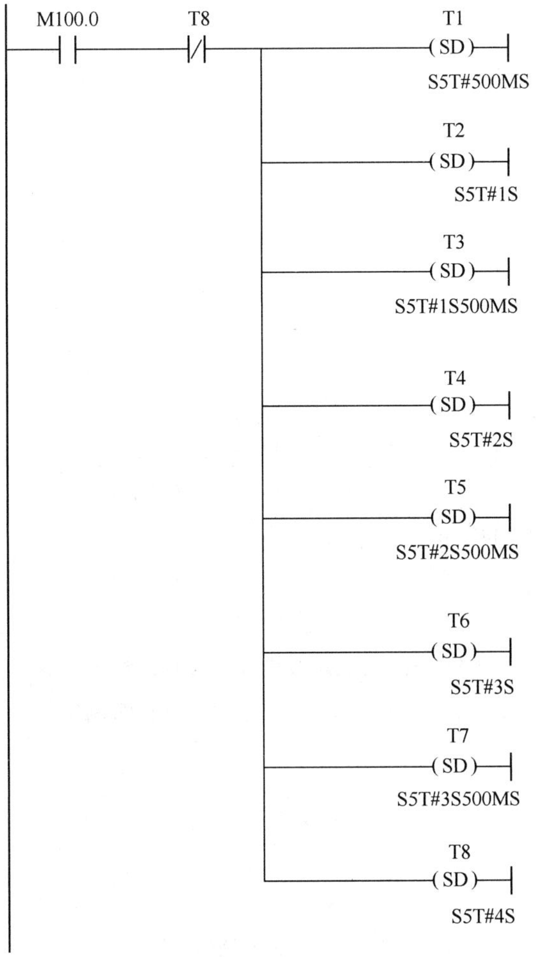

M100.0 T8 T1
（SD）
S5T#500MS
T2
（SD）
S5T#1S
T3
（SD）
S5T#1S500MS
T4
（SD）
S5T#2S
T5
（SD）
S5T#2S500MS
T6
（SD）
S5T#3S
T7
（SD）
S5T#3S500MS
T8
（SD）
S5T#4S

Network 4：Title：

```
M100.0      T1                  Q4.0
--| |---+---|/|-----------------( )--
        |   T1        T2        Q4.1
        +---| |-------|/|-------( )--
        |   T2        T3        Q4.2
        +---| |-------|/|-------( )--
        |   T3        T4        Q4.3
        +---| |-------|/|-------( )--
        |   T4        T5        Q4.4
        +---| |-------|/|-------( )--
        |   T5        T6        Q4.5
        +---| |-------|/|-------( )--
        |   T6        T7        Q4.6
        +---| |-------|/|-------( )--
        |   T7        T8        Q4.7
        +---| |-------|/|-------( )--
```

3.6 课题六 LED 数码显示控制

3.6.1 实训目的

（1）熟练掌握 STEP7 软件的基本使用方法。

（2）进一步巩固对常规指令的正确理解和使用。

（3）根据实验设备，熟练掌握 PLC 的外围 I/O 设备接线方法。

（4）能根据“系统工艺及控制要求”和“设计要求”进行程序设计和程序调试，养成良好的设计习惯，培养基本的设计能力，学会逐步优化程序算法和积累编程技巧。

（5）熟悉“LED 数码显示控制”的常规程序设计方法。

3.6.2 实训设备

本实训在“S25 S7-300 模拟实验挂箱”中完成，该实验挂箱“LED 数码显示控制”面板图如图 3-10 所示，面板中的 A、B、C、D、E、F、G 用发光二极管模拟输出。

3.6.3 系统工艺及控制要求

3.6.3.1 总体控制要求

七段数码管由七组 LED 发光二极管模拟显示。

按下启动按钮，七段数码管按要求自动切换显示状态，并不断循环。

按下停止按钮，七段数码管停止显示输出，并自动复位。

3.6.3.2 具体工艺及控制要求

（1）每个显示周期分为三步：

1）按下启动按钮后，七段数码管先一段一段显示，显示顺序是A段、B段、C段、D段、E段、F段、G段。

2）随后显示数字，显示次序是0、1、2、3、4、5、6、7、8、9。

3）最后显示字母，显示次序是A、b、C、d、E、F。

完成一个显示周期后，又返回初始显示（第一步），并不断循环，直至按下停止按钮。

（2）七段数码管所有不同显示的切换时间均为1.5s。

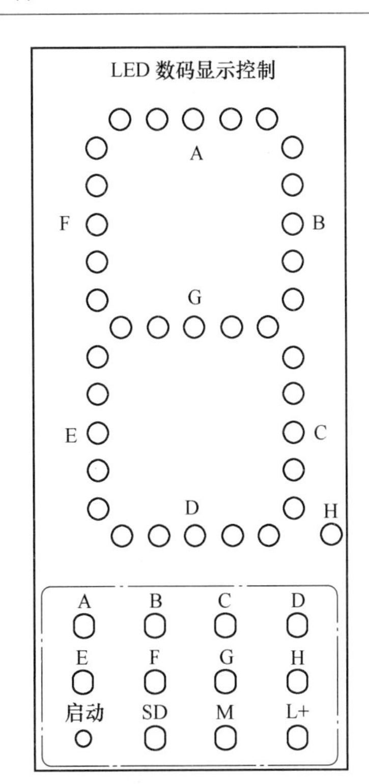

图3-10 “LED数码显示控制”面板图（S25 S7-300模拟实验挂箱）

3.6.3.3 补充说明

（1）七段数码管是一种典型的程序设计题目类型，控制要求简单，但程序设计的方法较为多样，同学们可多采用几种算法进行程序设计。

（2）实训指导教师可在以上控制要求基础之上，增加其他控制要求。

3.6.4 设计要求

根据“系统工艺及控制要求”，设计要求如下：

（1）进行I/O地址分配并绘制I/O分配表。

（2）绘制I/O接线示意图（与I/O分配表相对应）。

（3）进行系统I/O接线。

（4）进行程序设计。

（5）进行程序调试、运行，并能进行基本的硬件、软件故障分析与排除。

（6）编写实训报告。

3.6.5 实训考核

实训考核项目、内容、要求及评分标准见表3-11。

表3-11 实训考核测评表

考核项目	考核内容	百分比	考核要求及评分标准	得分
安全	人员及设备安全	10%	严格遵守实验设备的接线规范及实验设备的通电、断电操作顺序，以确保人员安全和设备安全	

续表 3-11

考核项目	考核内容	百分比	考核要求及评分标准	得分
系统 I/O 配置及接线	系统 I/O 配置	10%	根据系统控制要求，合理进行 I/O 地址分配并绘制 I/O 分配表（5%）	
			与 I/O 分配表相对应，正确绘制 I/O 接线示意图（5%）	
	系统 I/O 接线	10%	根据自己的系统 I/O 配置进行正确的系统 I/O 接线	
程序设计	程序设计	20%	编程语言可以 LAD 为主（编程语言不限），程序设计能完全实现系统的控制要求	
		10%	程序语法正确，程序结构合理，程序算法有创意	
调试、运行	调试、运行	20%	能正确进行程序调试及运行测试，能进行基本的硬件、软件故障分析与排除，能根据系统控制要求及调试、运行情况逐步完善程序设计	
实训报告	实训报告	20%	按照实训报告的格式及内容要求，按时完成实训报告，要求书写工整、作图规范	
实训考核总成绩（总分 100 分）				

3.6.6　设计参考

说明：本课题程序设计方法较多，以下设计内容仅供参考。

（1）I/O 分配见表 3-12。

表 3-12　I/O 地址分配

I/O 设备名称	I/O 地址	说　明
系统停车按钮	I0.0	系统停车按钮（常闭点）①
系统启动按钮	I0.1	系统启动按钮（常开点）②
A 段（LED）	Q4.0	A 段 LED 指示灯②
B 段（LED）	Q4.1	B 段 LED 指示灯②
C 段（LED）	Q4.2	C 段 LED 指示灯②
D 段（LED）	Q4.3	D 段 LED 指示灯②
E 段（LED）	Q4.4	E 段 LED 指示灯②
F 段（LED）	Q4.5	F 段 LED 指示灯②
G 段（LED）	Q4.6	G 段 LED 指示灯②

①在面板图外取 I/O 点。

②在“S25 S7-300 模拟实验挂箱”面板图上取 I/O 点。

（2）程序设计。

OB1：“Main Program Sweep （Cycle）”。

Network 1:Title:

I0.1 I0.0 M0.0 M100.0
M0.1
M100.0

Network 2:Title:

FC1
EN ENO

Network 3:Title :

FC2
EN ENO

Network 4:Title:

I0.0 MOVE
EN ENO
M0.0
0 IN OUT QB4

FC1：Title。

Network 1:Title:

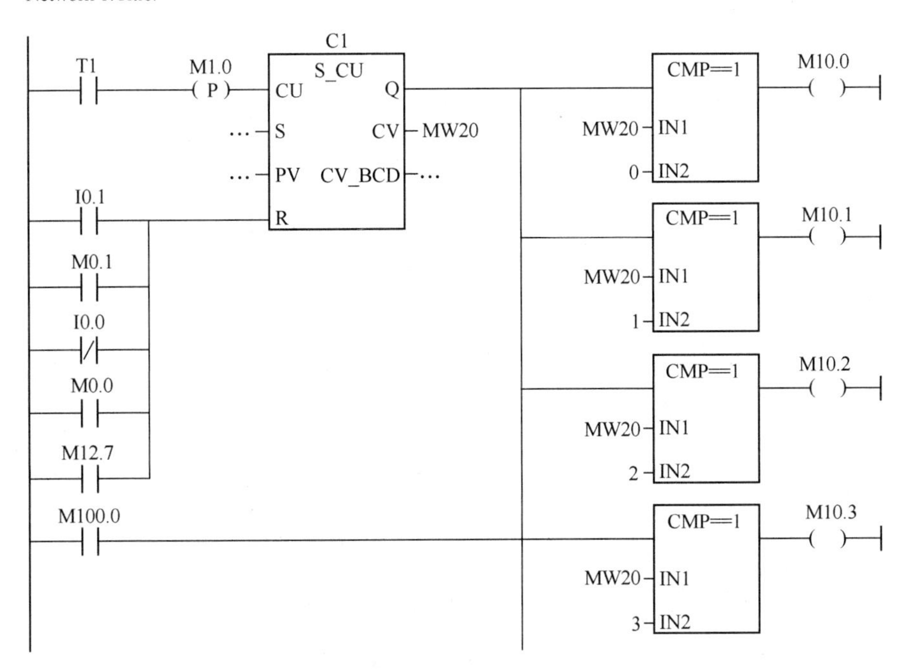

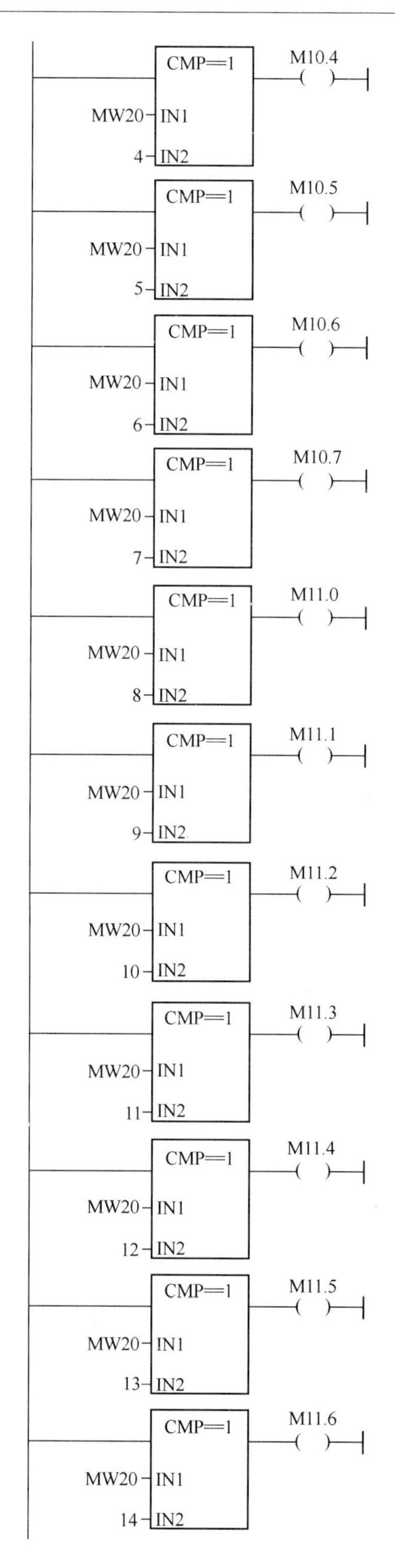
CMP==1
M10.4
MW20
IN1
4
IN2
CMP==1
M10.5
MW20
IN1
5
IN2
CMP==1
M10.6
MW20
IN1
6
IN2
CMP==1
M10.7
MW20
IN1
7
IN2
CMP==1
M11.0
MW20
IN1
8
IN2
CMP==1
M11.1
MW20
IN1
9
IN2
CMP==1
M11.2
MW20
IN1
10
IN2
CMP==1
M11.3
MW20
IN1
11
IN2
CMP==1
M11.4
MW20
IN1
12
IN2
CMP==1
M11.5
MW20
IN1
13
IN2
CMP==1
M11.6
MW20
IN1
14
IN2

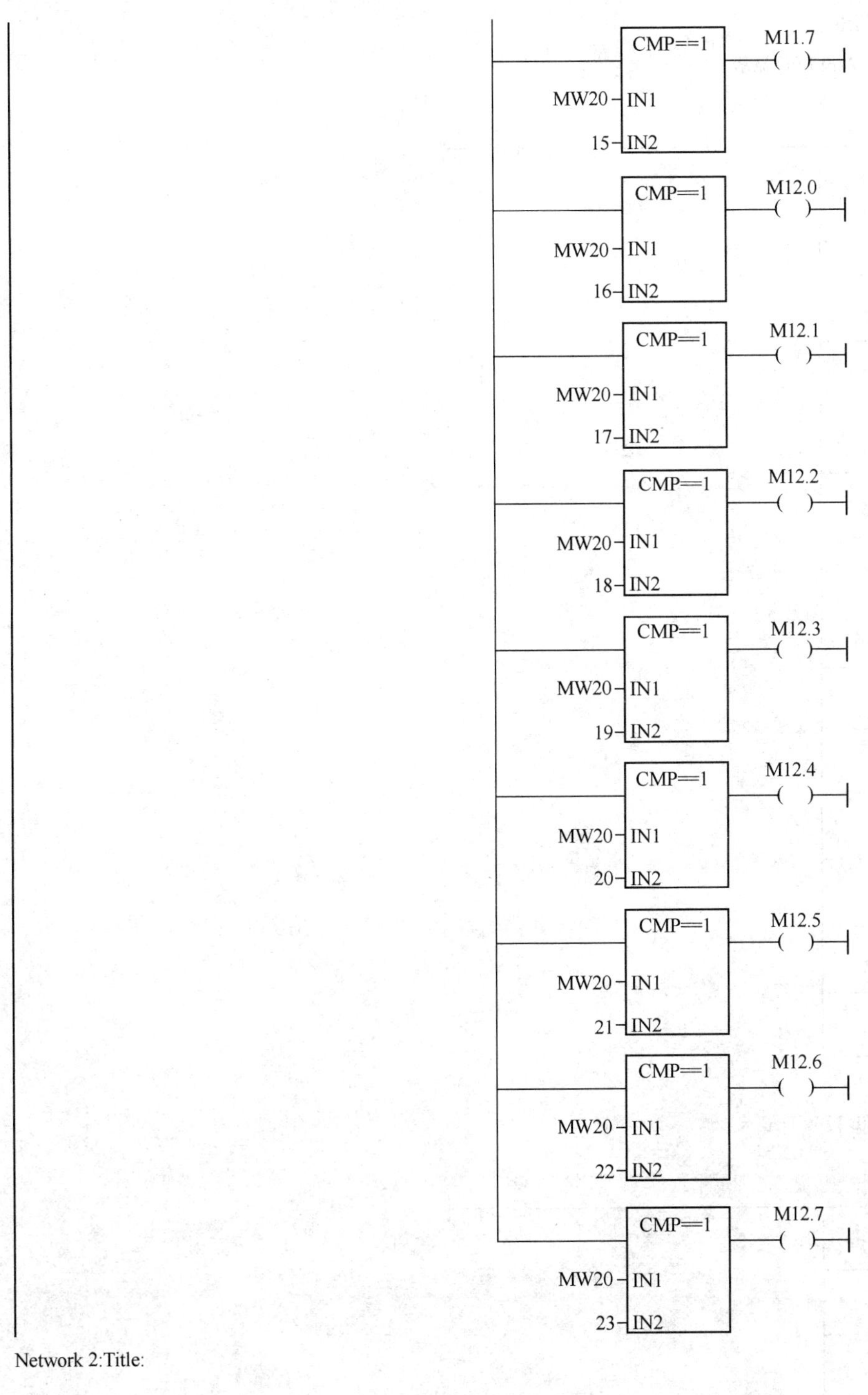

Network 2:Title:

M100.0
T1
T1
(SD)
S5T#1S500MS

FC2：Title。

Network 1:A 段 LED 显示

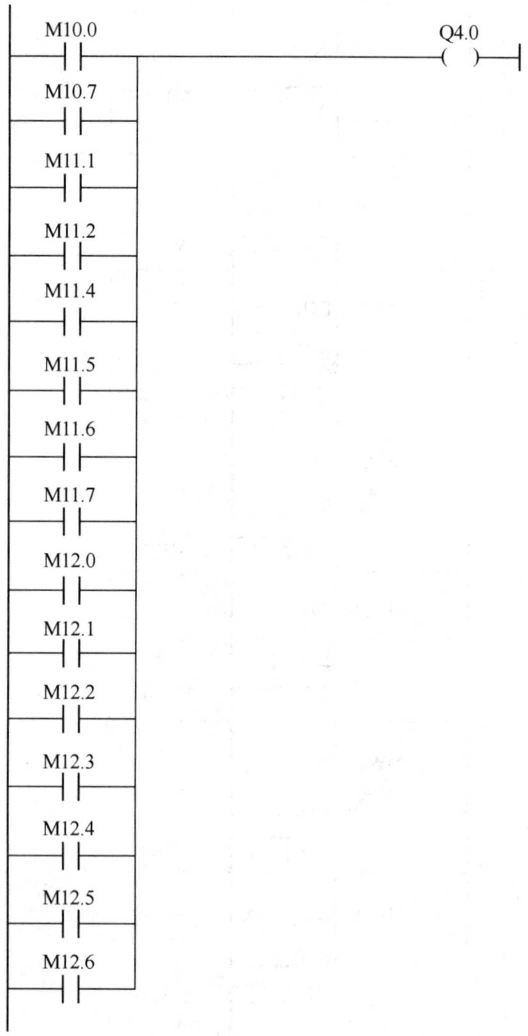

M10.0
M10.7
M11.1
M11.2
M11.4
M11.5
M11.6
M11.7
M12.0
M12.1
M12.2
M12.3
M12.4
M12.5
M12.6
Q4.0

Network 2:B 段 LED 显示

M10.1
M10.7
M11.0
M11.1
M11.2
M11.3
Q4.1

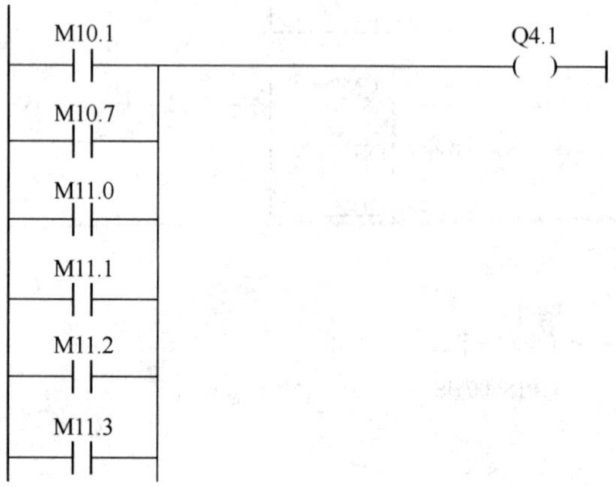

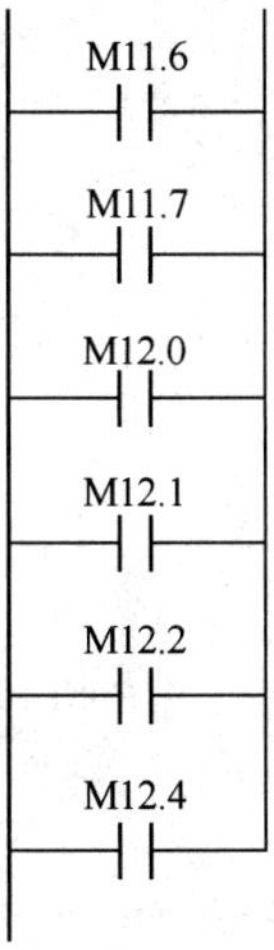

M11.6
M11.7
M12.0
M12.1
M12.2
M12.4

Network 3:C 段 LED 显示

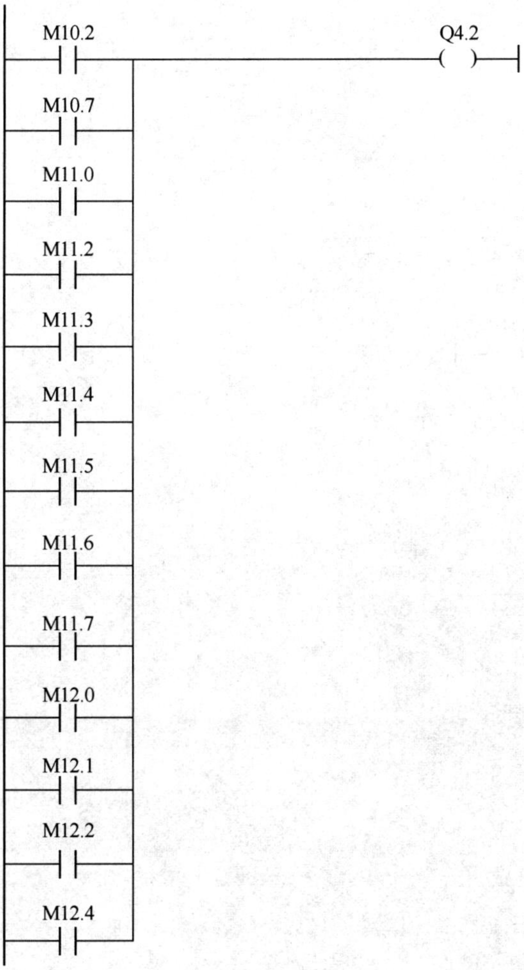

M10.2 Q4.2
M10.7
M11.0
M11.2
M11.3
M11.4
M11.5
M11.6
M11.7
M12.0
M12.1
M12.2
M12.4

Network 4：D 段 LED 显示

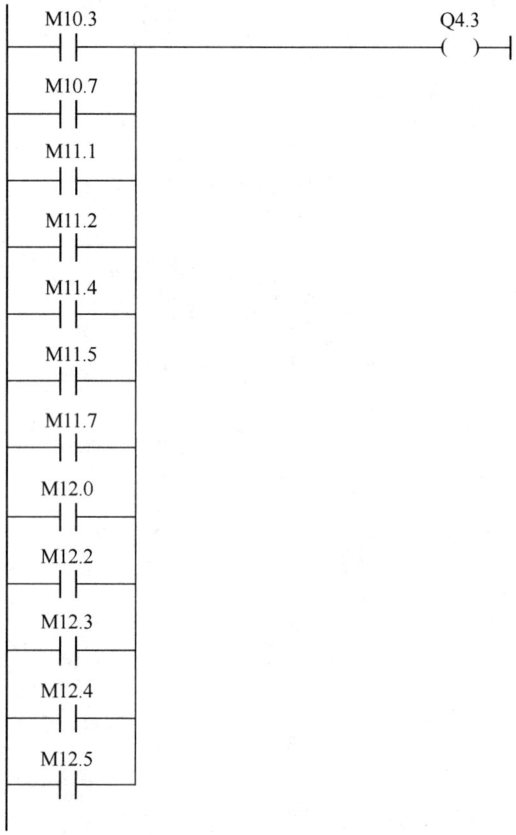

M10.3, M10.7, M11.1, M11.2, M11.4, M11.5, M11.7, M12.0, M12.2, M12.3, M12.4, M12.5 → Q4.3

Network 5：E 段 LED 显示

M10.4, M10.7, M11.1, M11.5, M11.7, M12.1, M12.2, M12.3, M12.4, M12.5, M12.6 → Q4.4

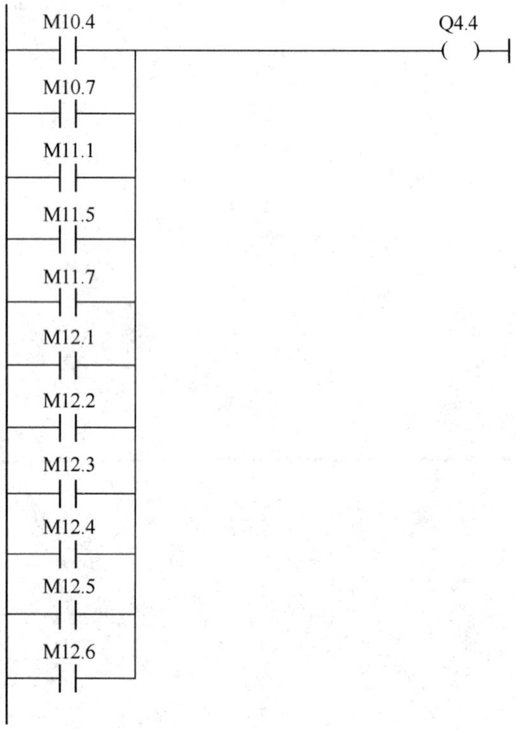

Network 6: F段 LED 显示

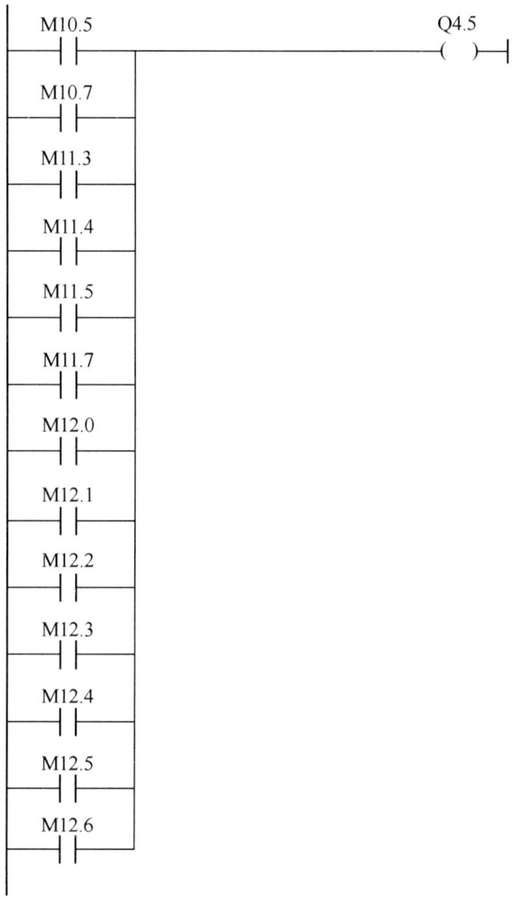

M10.5 Q4.5
M10.7
M11.3
M11.4
M11.5
M11.7
M12.0
M12.1
M12.2
M12.3
M12.4
M12.5
M12.6

Network 7: G段 LED 显示

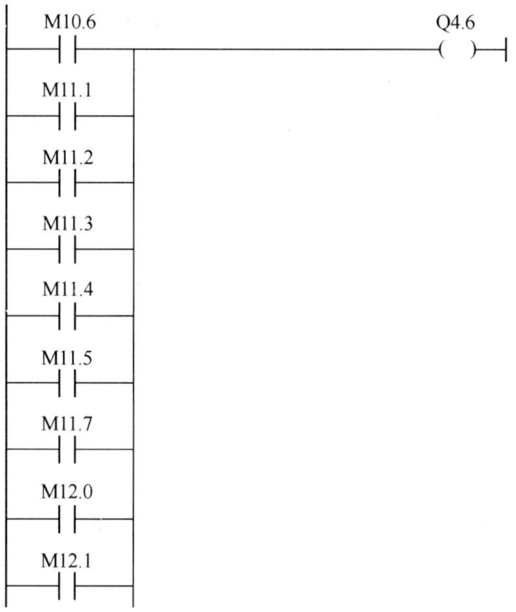

M10.6 Q4.6
M11.1
M11.2
M11.3
M11.4
M11.5
M11.7
M12.0
M12.1

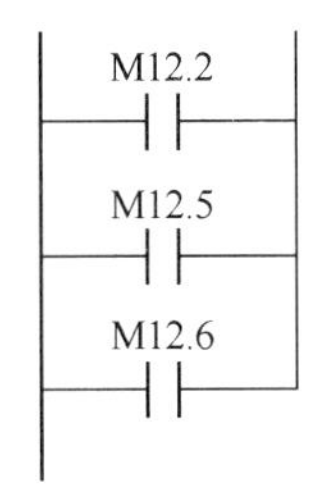

说明：

本课题如果使用16个“定时器”来切换七段数码管的16种图案，较为浪费，因为CPU的定时器个数是有限的，因此采用了“比较”的方法。

本参考程序在算法上思路简单直接，但程序结构较为烦琐、不简洁，建议同学们使用“MOVE”指令再进行设计。

3.7　课题七　“自动配料/四节传送带”系统模拟

3.7.1　实训目的

（1）熟练掌握STEP7软件的基本使用方法。

（2）进一步巩固对常规指令的正确理解和使用。

（3）根据实验设备，熟练掌握PLC的外围I/O设备接线方法。

（4）能根据“系统工艺及控制要求”和“设计要求”进行程序设计和程序调试，养成良好的设计习惯，培养基本的设计能力，学会逐步优化程序算法和积累编程技巧。

（5）了解工厂自动化中，类似的“自动配料/皮带传送系统”的常规工艺、控制要求及主要程序的一般设计方法。

3.7.2　实训设备

本实训在“S21 S7-300模拟实验挂箱”中完成，该实验挂箱“自动配料/四节传送带”面板图如图3-11所示。

3.7.3　系统工艺及控制要求

3.7.3.1　总体控制要求

本系统是一个典型的“顺启逆停控制”。

系统启动后，配料装置能自动识别货车到位情况，并能够自动对货车进行配料，当车装满时，配料系统能自动关闭。

3.7.3.2　具体工艺及控制要求

A　系统启动前准备

汽车开上地秤装料之前，地秤指示灯D1亮（表示地秤上没有车辆），此时方可允许汽车开上地秤准备装料。

电动机M1、M2、M3和M4均为OFF。

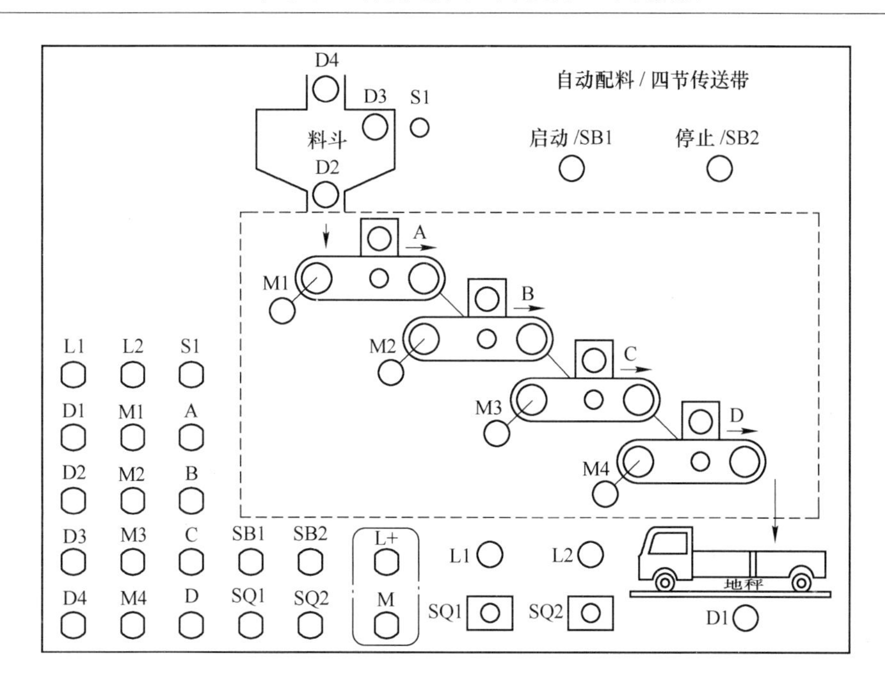

图 3-11 “自动配料/四节传送带”面板图（S21 S7-300 模拟实验挂箱）

系统启动之前，料斗出料口关闭（用指示灯 D2 灭表示）。

B 系统运行控制过程

（1）系统启动后，开始装车过程。当汽车开上地秤并到达装车位时，限位开关 SQ1 被压下（用开关 SQ1 断开表示），指示灯 L1 亮（表示汽车到达装料位置），同时地秤指示灯 D1 灭（表示地秤上已有车辆、其他车辆不能再开入）。此时开始执行“顺启”，程序如下：

启动 M4 电机，4 号皮带开始运转；经过 2s 后，再启动 M3 电机，3 号皮带开始运转；再经 2s 后启动 M2 电机，2 号皮带开始运转；再经过 2s，最后启动 M1 电机，1 号皮带开始运转（M1 ~ M4 电机运行情况分别由指示灯 A、B、C、D 表示）；再经过 2s 后才打开出料阀（用指示灯 D2 亮表示），料斗开始出料。

（2）当车装满时（“车装满”的信号用开关 SQ2 闭合表示），指示灯 L2 亮。此时开始执行“逆停”，程序如下：

料斗关闭（用指示灯 D2 灭表示），2s 后 M1 停车，再等 2s 后 M2 停车，再等 2s 后 M3 停车，再等 2s 后 M4 停车。M4 停车同时指示灯 L2 灭，表明汽车可以开走。汽车开离地秤后，限位开关 SQ1 复位闭合，指示灯 L1 灭，地秤指示灯 D1 亮，即可进行下一次装料操作。

（3）系统启动后，要随时检测料斗的物料储备情况，若料位传感器检测到料斗中的物料不满（用开关 S1 断开表示、指示灯 D3 灭），进料阀开启并进料（用指示灯 D4 亮表示）。当料斗中的物料已满（用开关 S1 闭合表示、指示灯 D3 亮），则进料阀关闭停止进料（用指示灯 D4 灭表示）。

C 系统停车控制

在系统运行过程中，按下停止按钮 SB2，则自动调用“逆停”程序，直到整个系统停车。

D　其他

要求系统具有常规的保护环节和联锁环节；

当 M1 ~ M4 电机过载时，过载电机的上级系统将停车，同时系统报警指示灯闪烁（2Hz）。操作人员立即按下停车按钮，下级电机将执行“逆停”动作。当故障排除之后，重新按下启动按钮即可继续装料。系统报警指示灯闪烁由复位按钮消除。

3.7.3.3　补充说明

（1）由于皮带控制系统在工厂自动化中较为普遍，虽然系统工艺及控制要求主体为“顺启逆停控制”，但也各自存在特点和差异，故不可一概而论。本系统与工厂类似的皮带控制系统在系统工艺及控制要求上存在差异，仅为模拟设计，特此说明。

（2）实训指导教师可在以上控制要求基础之上，增加其他控制要求。

3.7.4　设计要求

根据“系统工艺及控制要求”，设计要求如下：

（1）进行 I/O 地址分配并绘制 I/O 分配表。

（2）绘制 I/O 接线示意图（与 I/O 分配表相对应）。

（3）进行系统 I/O 接线。

（4）进行程序设计。

（5）进行程序调试、运行，并能进行基本的硬件、软件故障分析与排除。

（6）编写实训报告。

3.7.5　实训考核

实训考核项目、内容、要求及评分标准见表 3-13。

表 3-13　实训考核测评表

考核项目	考核内容	百分比	考核要求及评分标准	得分
安全	人员及设备安全	10%	严格遵守实验设备的接线规范及实验设备的通电、断电操作顺序，以确保人员安全和设备安全	
系统 I/O 配置及接线	系统 I/O 配置	10%	根据系统控制要求，合理进行 I/O 地址分配并绘制 I/O 分配表（5%）	
			与 I/O 分配表相对应，正确绘制 I/O 接线示意图（5%）	
	系统 I/O 接线	10%	根据自己的系统 I/O 配置进行正确的系统 I/O 接线	

续表 3-13

考核项目	考核内容	百分比	考核要求及评分标准	得分
程序设计	程序设计	20%	编程语言可以 LAD 为主（编程语言不限），程序设计能完全实现系统的控制要求	
		10%	程序语法正确，程序结构合理，程序算法有创意	
调试、运行	调试、运行	20%	能正确进行程序调试及运行测试，能进行基本的硬件、软件故障分析与排除，能根据系统控制要求及调试、运行情况逐步完善程序设计	
实训报告	实训报告	20%	按照实训报告的格式及内容要求，按时完成实训报告，要求书写工整、作图规范	
实训考核总成绩（总分 100 分）				

3.7.6 设计参考

说明：由于本模拟实验挂箱没有外接电动机，仅用指示灯来模拟显示“自动配料/四节传送带”的 PLC 控制系统，因此以下设计内容为实验模拟型程序，且只包含主程序部分，仅供参考。

（1）I/O 分配见表 3-14。

表 3-14 I/O 地址分配

I/O 设备名称	I/O 地址	说 明
系统停车按钮	I0.0	系统停车按钮（常闭点） （不用面板图上的“停止/SB2”按钮，在别处取）①
系统启动按钮	I0.1	系统启动按钮（常开点） （用面板图上的“启动/SB1”按钮）②
装车位限位开关	I0.2	装车位限位开关（常闭点） （用面板图上的装车位限位开关 SQ1）②
汽车装料装满	I0.3	汽车装料装满开关量信号（常开点） （用面板图上的开关 SQ2 来模拟，汽车未装满，SQ2 断开；汽车装满，SQ2 闭合）②
M1 电机热保护	I0.4	M1 电机热继电器辅助触点（常闭点）①

续表 3-14

I/O 设备名称	I/O 地址	说　　明
M2 电机热保护	I0. 5	M2 电机热继电器辅助触点（常闭点）①
M3 电机热保护	I0. 6	M3 电机热继电器辅助触点（常闭点）①
M4 电机热保护	I0. 7	M4 电机热继电器辅助触点（常闭点）①
料位检测传感器（用开关模拟）	I1. 0	料位检测传感器（用开关模拟）（常开点）（用面板图上的开关 S1 来模拟，物料不满，S1 断开；物料装满，S1 闭合）②
故障复位按钮	I1. 1	M1～M4 电机过载故障复位按钮（常开）①
料斗出料阀	Q4. 0	料斗出料阀，得电开启、断电闭合（用面板图上的指示灯 D2 表示）②
M1 电机运行	Q4. 1	M1 运行，1 号皮带运转（用面板图上的指示灯 A 表示）②
M2 电机运行	Q4. 2	M2 运行，2 号皮带运转（用面板图上的指示灯 B 表示）②
M3 电机运行	Q4. 3	M3 运行，3 号皮带运转（用面板图上的指示灯 C 表示）②
M4 电机运行	Q4. 4	M4 运行，4 号皮带运转（用面板图上的指示灯 D 表示）②
料斗进料阀	Q4. 5	料斗进料阀，得电开启、断电闭合（用面板图上的指示灯 D4 表示）②
料斗料位显示	Q4. 6	料斗装满，面板图上的指示灯 D3 亮 ②
汽车到位指示	Q4. 7	汽车到达装车位，面板图上的指示灯 L1 亮②
地秤指示灯	Q5. 0	面板图上的地秤指示灯 D1 亮，表示地秤上没有车辆 ②
汽车料位指示	Q5. 1	汽车装料装满，面板图上的指示灯 L2 亮②
系统故障报警	Q5. 2	M1～M4 电机过载故障报警（2Hz）①

①在面板图外取 I/O 点。

②在“S21 S7-300 模拟实验挂箱”面板图上取 I/O 点。

（2）程序设计。

OB1：“自动配料/四节传送带”系统模拟。

Network 1：系统准备好？

Network 2：启动系统

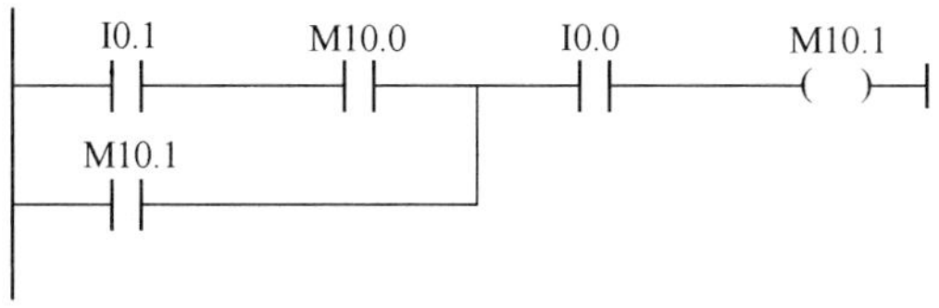

I0.1 M10.0 I0.0 M10.1
M10.1

Network 3：执行顺启程序

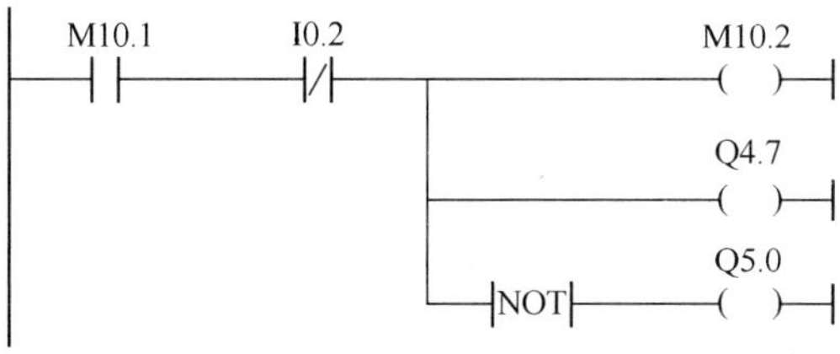

M10.1 I0.2 M10.2
Q4.7
NOT Q5.0

Network 4：启动 4 号皮带

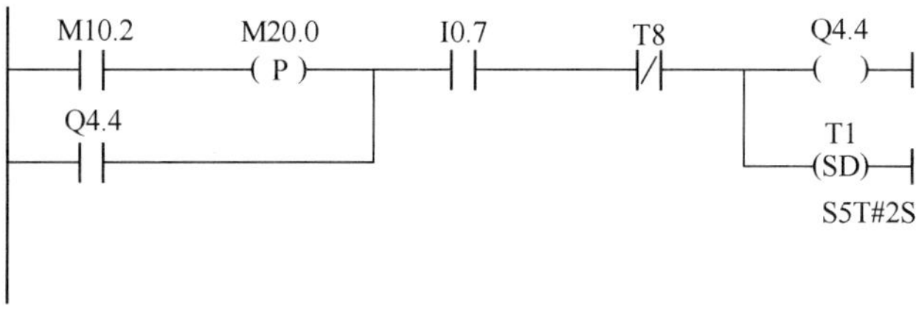

M10.2 M20.0 P I0.7 T8 Q4.4
Q4.4 T1
SD
S5T#2S

Network 5：启动 3 号皮带

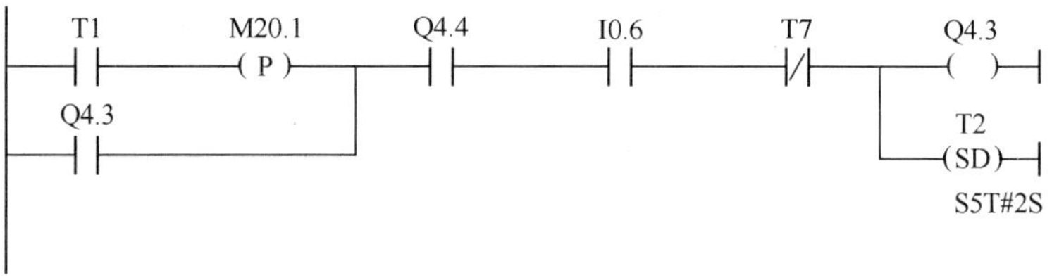

T1 M20.1 P Q4.4 I0.6 T7 Q4.3
Q4.3 T2
SD
S5T#2S

Network 6：启动 2 号皮带

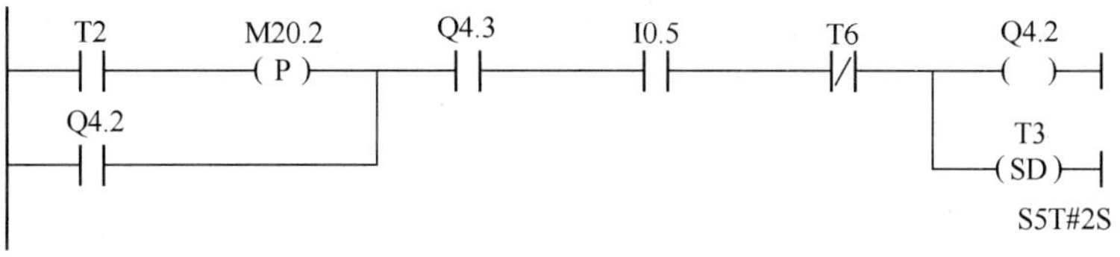

T2 M20.2 P Q4.3 I0.5 T6 Q4.2
Q4.2 T3
SD
S5T#2S

Network 7：启动 1 号皮带

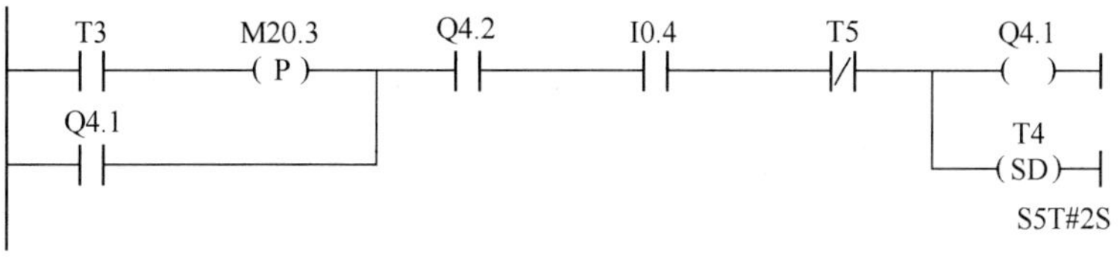

T3 M20.3 P Q4.2 I0.4 T5 Q4.1
Q4.1 T4
SD
S5T#2S

Network 8: 皮带顺启完成

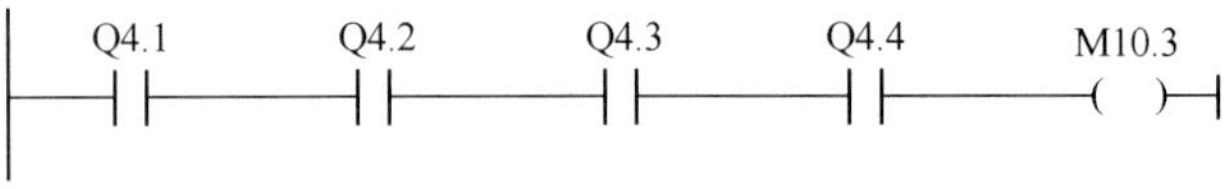

Q4.1　Q4.2　Q4.3　Q4.4　M10.3

Network 9: 料斗出料阀打开，开始出料

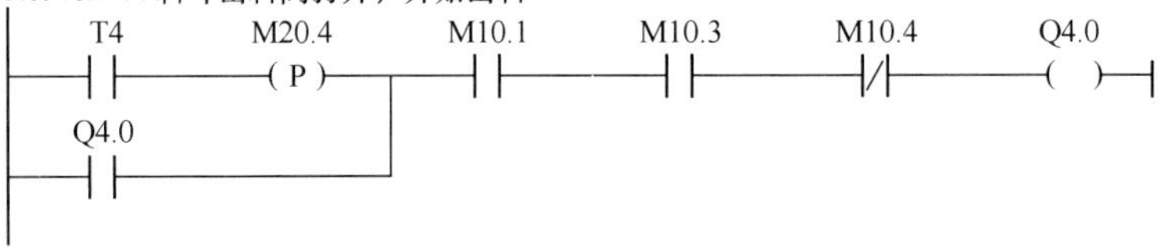

T4　M20.4 (P)　M10.1　M10.3　M10.4　Q4.0

Q4.0

Network 10: 汽车装料装满，执行逆停程序

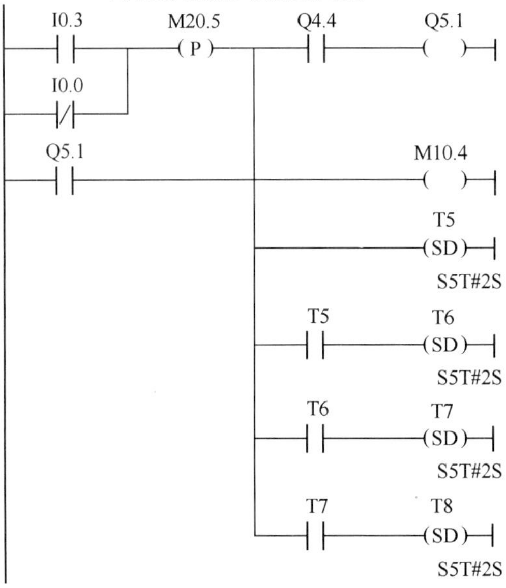

I0.3　M20.5 (P)　Q4.4　Q5.1

I0.0

Q5.1　M10.4

T5 (SD) S5T#2S

T5　T6 (SD) S5T#2S

T6　T7 (SD) S5T#2S

T7　T8 (SD) S5T#2S

Network 11: 料斗料位检测及进料控制

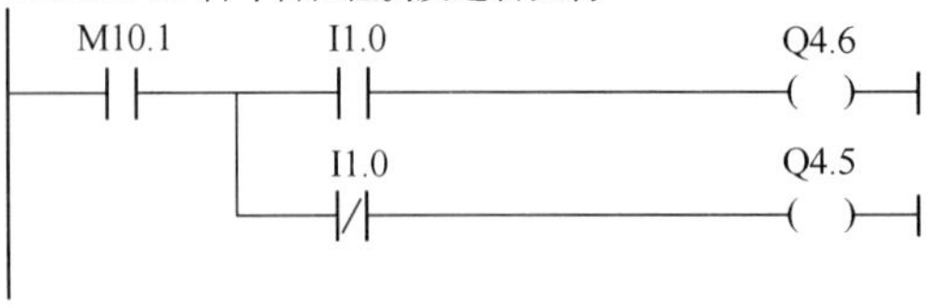

M10.1　I1.0　Q4.6

I1.0　Q4.5

Network 12: 电机过载故障采集、显示

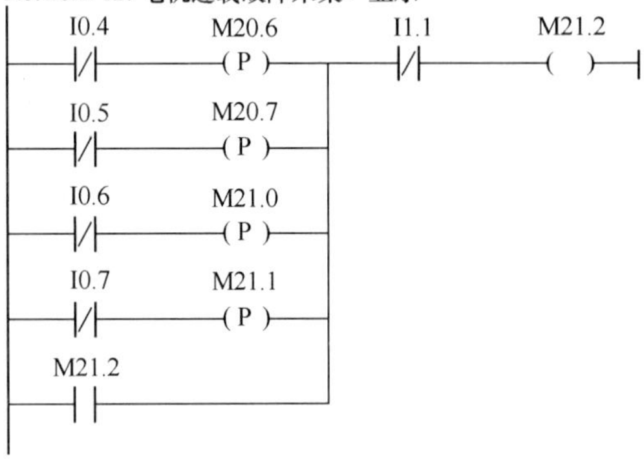

I0.4　M20.6 (P)　I1.1　M21.2

I0.5　M20.7 (P)

I0.6　M21.0 (P)

I0.7　M21.1 (P)

M21.2

Network 13: 系统故障报警（2Hz）

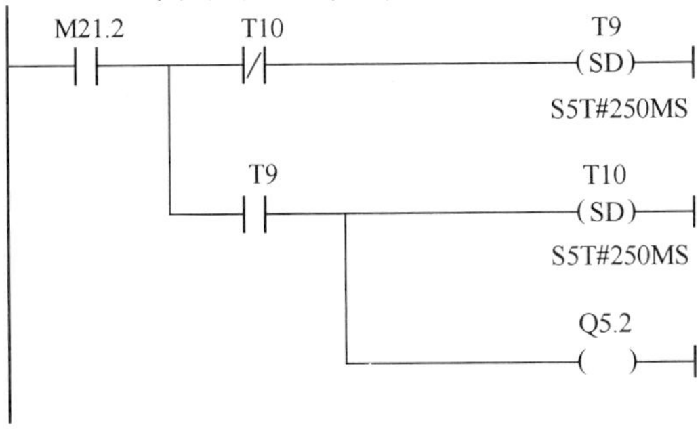

M21.2
T10
T9
(SD)
S5T#250MS
T9
T10
(SD)
S5T#250MS
Q5.2
( )

3.8 课题八 MM420变频器的基本操作与控制

3.8.1 实训目的

（1）进一步巩固“通用变频器原理与应用”课程及其前期相关课程“电力电子技术”、“交流调速系统”的基础理论知识。

（2）了解西门子MICROMASTER 4系列（MM410 ~ MM440）通用型变频器使用大全的常规阅读及使用方法。

（3）学会参看《MM420使用大全》，熟练使用BOP进行变频器参数的设置。

（4）掌握MM420变频器DI/DO、AI/AO端子的接线方法。

（5）使用变频器实现对鼠笼异步电机的一些简单控制。能根据“控制要求”和“设计要求”进行相关设备的接线与连接，变频器参数的设置，PLC程序的编写。

3.8.2 实训设备

本实训在“S51 S7-300模拟实验挂箱”中完成，该实验挂箱“MM420变频器”面板图如图3-12所示。关于MM420变频器的外围I/O接线方法请参见《MM420使用大全》。

3.8.3 控制要求

3.8.3.1 总体控制要求

使用变频器对鼠笼异步电动机进行一些简单的控制，包括变频器及变频器与PLC的接线与连接，变频器参数的设置，PLC程序的编写等。

3.8.3.2 关于MM420变频器的基础操作练习

（1）MM420变频器与电源和电动机的连接。参看《MM420使用大全》，MM420变频器典型的安装方法如图3-13所示。

将MM420变频器与电源和电动机进行正确的连接，即将实验台上的380V三相交流电源连接至MM420的输入端“L1、L2、L3”，将变频器的输出端“U、V、W”连接至鼠笼异步电动机。同时还要进行相应的接地保护连接。本实验装置MM420与电机的连接方法如图3-14所示。

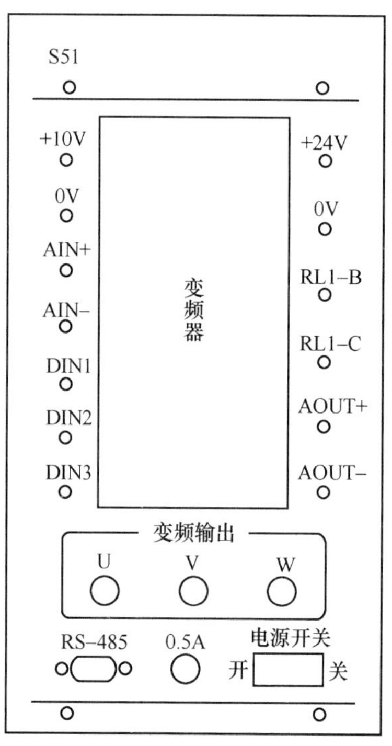

图 3-12 "MM420 变频器" 实验挂箱面板图
（S51 S7-300 模拟实验挂箱）

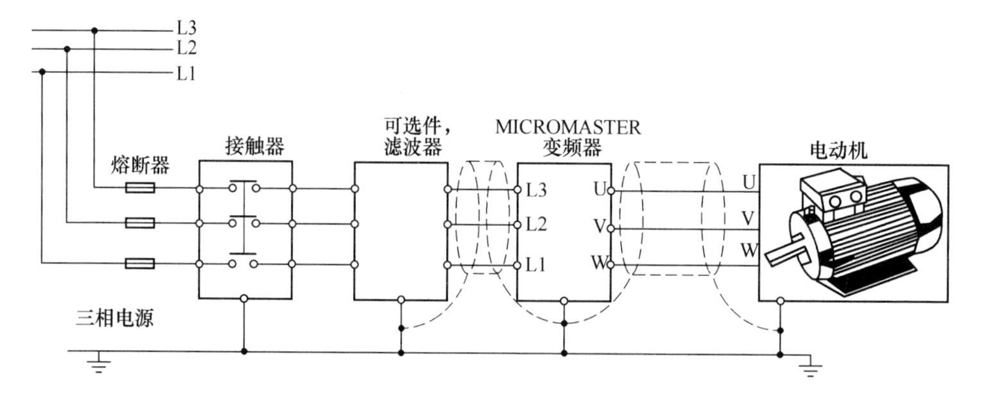

图 3-13 MM420 变频器典型的安装方法

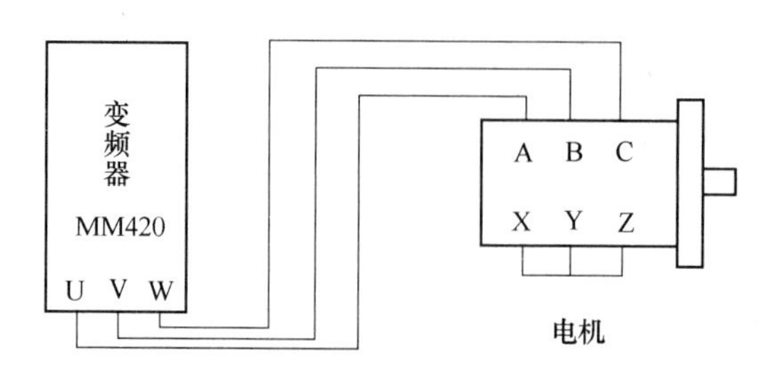

图 3-14 （实验装置）MM420 与电机的连接方法

警告：变频器的输出端“U、V、W”应接鼠笼电动机，千万不可将其连接至交流电源，否则会损坏变频器。

（2）熟悉 BOP 上的按钮功能，学会使用 BOP 进行变频器参数的设置。MM420 BOP（基本操作面板）面板图如图 3-15 所示。

图 3-15 MM420 BOP 面板图

关于 MM420 BOP 上的按钮功能描述，见表 3-15。

（3）使用 BOP 对变频器的参数进行工厂复位。

P0010 = 30

P0970 = 1

表 3-15 MM420 BOP 上的按钮功能描述

显示/按钮	功 能	功 能 的 说 明
r0000	状态显示	LED 显示变频器当前的设定值
I	启动变频器	按此键启动变频器。缺省值运行时此键是被封锁的。为了使此键的操作有效，应设定 P0700 = 1
0	停止变频器	OFF1：按此键，变频器将按选定的斜坡下降速率减速停车，缺省值运行时此键被封锁；为了允许此键操作，应设定 P0700 = 1。 OFF2：按此键两次（或一次，但时间较长）电动机将在惯性作用下自由停车，此功能总是“使能”的
（换向键）	改变电动机的转动方向	按此键可以改变电动机的转动方向。电动机的反向用负号（ - ）表示或用闪烁的小数点表示。缺省值运行时此键是被封锁的，为了使此键的操作有效，应设定 P0700 = 1
jog	电动机点动	在变频器无输出的情况下按此键，将使电动机启动，并按预设定的点动频率运行。释放此键时，变频器停车。如果变频器/电动机正在运行，按此键将不起作用
Fn	功能显示	此键用于浏览辅助信息： 变频器运行过程中，在显示任何一个参数时按下此键并保持不动 2s，将显示以下参数值（在变频器运行中，从任何一个参数开始）： （1）直流回路电压（用 *d* 表示，单位：V）。 （2）输出电流（A）。 （3）输出频率（Hz）。 （4）输出电压（用 *0* 表示，单位：V）。 （5）由 P0005 选定的数值［如果 P0005 选择显示上述参数中的任何一个（3）、（4）、（5），这里将不再显示］。 连续多次按下此键，将轮流显示以上参数。 跳转功能： 在显示任何一个参数（rXXXX 或 PXXXX）时短时间按下此键，将立即跳转到 r0000，如果需要的话，可以接着修改其他的参数。跳转到 r0000 后，按此键将返回原来的显示点

续表 3-15

显示/按钮	功　能	功 能 的 说 明
(P)	访问参数	按此键即可访问参数
(▲)	增加数值	按此键即可增加面板上显示的参数数值
(▼)	减少数值	按此键即可减少面板上显示的参数数值

（4）使用 BOP 对变频器进行快速参数化（提示：严格按照电动机的铭牌进行相关参数的设置）。

P0010 = 1（开始快速调试）

P0100 = …

P0304 = …

P0305 = …

P0307 = …

P0310 = …

P0311 = …

P0700 = …

P1000 = …

P1080 = …

P1082 = …

P1120 = …

P1121 = …

P3900 = 1（结束快速调试，推荐）

3.8.3.3　关于 MM420 变频器的简单控制练习

（1）使用 BOP 对变频器进行简单的控制：

1）使用 BOP 对变频器进行相关参数的设置（变频器具体参数设置请参见《MM420 使用大全》）。

2）使用 BOP 实现对电机的“启动、停车、反转、点动、加速、减速”控制。

（2）使用变频器的 I/O 端子对变频器进行控制：

1）使用 BOP 对变频器进行相关参数的设置（变频器具体参数设置请参见《MM420 使用大全》）。

2）由 DIN1 实现“正转”、DIN2 实现“反转”，由电位计实现“频率给定”调节。也可由 PLC 间接控制。

（3）使用 PLC 通过 PROFIBUS-DP 对变频器进行控制：

1）使用 BOP 对变频器进行相关参数的设置（变频器具体参数设置请参见《MM420

使用大全》)。

2）由 PLC 程序实现“正转”、“反转”、“停车”和“频率给定”的控制。

3.8.3.4　补充说明

（1）实训指导教师可在以上控制要求基础之上，增加其他控制要求。

（2）可以使用 WinCC、PLC、变频器三者进行一些基于 HMI、PROFIBUS-DP 的课题练习。

3.8.4　设计要求

根据“系统工艺及控制要求”，设计要求如下：

（1）进行正确的 MM420 变频器安装接线。

（2）绘制 MM420 的 I/O 接线示意图，并进行正确的 I/O 接线。

（3）进行参数设置和程序设计。

（4）进行参数设置和程序调试、运行，并能进行基本的硬件、软件故障分析与排除。

（5）编写实训报告。

3.8.5　实训考核

实训考核项目、内容、要求及评分标准见表 3-16。

表 3-16　实训考核测评表

<table>
<tr><th>考核项目</th><th>考核内容</th><th>百分比</th><th>考核要求及评分标准</th><th>得分</th></tr>
<tr><td>安全</td><td>人员及设备安全</td><td>10%</td><td>严格遵守实验设备的接线规范及实验设备的通电、断电操作顺序，以确保人员安全和设备安全</td><td></td></tr>
<tr><td rowspan="3">系统 I/O 配置及接线</td><td rowspan="2">系统 I/O 配置</td><td>5%</td><td>根据系统控制要求，进行正确的变频器安装接线</td><td></td></tr>
<tr><td>5%</td><td>绘制 I/O 接线图</td><td></td></tr>
<tr><td>系统 I/O 接线</td><td>10%</td><td>进行正确的 I/O 接线</td><td></td></tr>
<tr><td rowspan="2">程序设计</td><td rowspan="2">程序设计</td><td>20%</td><td>变频器参数设置正确、合理，程序设计能完全实现系统的控制要求</td><td></td></tr>
<tr><td>10%</td><td>程序语法正确，程序结构合理，程序算法有创意</td><td></td></tr>
<tr><td>调试、运行</td><td>调试、运行</td><td>20%</td><td>能正确进行参数和程序调试及运行测试，能进行基本的硬件、软件故障分析与排除，能根据系统控制要求及调试、运行情况逐步完善程序设计</td><td></td></tr>
<tr><td>实训报告</td><td>实训报告</td><td>20%</td><td>按照实训报告的格式及内容要求，按时完成实训报告，要求书写工整、作图规范</td><td></td></tr>
<tr><td colspan="4">实训考核总成绩（总分 100 分）</td><td></td></tr>
</table>

说明:

（1）本实训课题是关于 MM420 变频器的基础操作与控制，内容较为常规。

（2）为培养同学们对《MM420 使用大全》的查阅能力及分析能力，故没有针对实验用电动机列出“快速参数化”及“3. 8. 3. 3 关于 MM420 变频器的简单控制练习”的参数。相关内容请同学们自行参看《MM420 使用大全》完成。

附录　实验装置提供的模拟实验挂箱

（1）SM21　S7-300 模拟实验挂箱（一）

提供以下实验模块：PLC 的基本指令编程练习、自动配料系统模拟实验、四节传送带的模拟控制。

（2）SM22　S7-300 模拟实验挂箱（二）

提供以下实验模块：十字路口交通灯的模拟控制、装配流水线的模拟控制。

（3）SM23　S7-300 模拟实验挂箱（三）

提供以下实验模块：水塔水位的模拟控制、天塔之光的模拟实验。

（4）SM25　S7-300 模拟实验挂箱（五）

提供以下实验模块：五相步进电动机的模拟控制、LED 数码显示控制、喷泉的模拟控制。

（5）SM26　S7-300 模拟实验挂箱（六）

提供以下实验模块：温度 PID 控制（模拟量实验）。

（6）SM28　S7-300 模拟实验挂箱（八）

提供以下实验模块：四层电梯控制系统的模拟。

（7）SM51　变频器实验挂箱

选用西门子 MM420 变频器，带有 PROFIBUS-DP 接口及 BOP 操作面板。

完成以下实验：1）功能参数设置与操作实验；2）三相异步电动机的变频开环调速实验；3）基于 PLC 通信方式的变频器开环调速实验；4）基于 PLC 通信方式的变频器闭环定位控制实验；5）基于 PLC 模拟量方式的变频器闭环调速实验。

注：其中实验 4）、5）配 DD03-6 导轨电动机。

参 考 文 献

［1］西门子（中国）有限公司自动化与驱动集团．深入浅出西门子 S7-300PLC［M］．北京：北京航空航天大学出版社，2004.

［2］廖常初．S7-300/400 PLC 应用技术［M］．北京：机械工业出版社，2005.

［3］胡学林．可编程序控制器教程（实训篇）［M］．北京：电子工业出版社，2005.

［4］柴瑞娟，陈海霞．西门子 PLC 编程技术及工程应用［M］．北京：机械工业出版社，2006.

［5］贾德胜．PLC 应用开发实用子程序［M］．北京：人民邮电出版社，2006.